Dr. med. vet.
Katrin Sewerin

HILFE MEIN HUHN NIEST!

Häufige Krankheiten bei Hühnern erkennen & behandeln

Inhalt

Hühner sind wunderbar

Ich freue mich, dass Sie sich dieses Buch, das sich an Hobbyhühnerhalter richtet, gekauft haben! Das bedeutet nämlich, dass Ihnen Ihre Hühner und ihr Wohlbefinden wichtig sind. Und das ist viel wert. Hühner sind wunderbare, intelligente Wesen mit eigener Persönlichkeit, die in unserer Gesellschaft leider oft unterschätzt und maßlos ausgenutzt werden – man denke an die Masthähnchen und Legehennen in den Industrieanlagen. Umso besser, dass Ihre Gartenhühner ein glückliches und gesundes Leben führen dürfen und Sie daher dieses Buch in der Hand halten! Wahrscheinlich haben Sie aber auch schon gemerkt, dass es gar nicht so leicht ist, an Informationen zur Behandlung eines einzelnen Huhns zu kommen. Genau das soll dieses Buch ein wenig ändern.

Wie ich aufs Huhn gekommen bin? Hühner liegen mir schon lange sehr am Herzen: Ich habe Tiermedizin studiert und anschließend über artgerechte Legehennenhaltung in Bezug auf Verhalten und Gesundheit promoviert. Als sich meine Tochter vier Hühner wünschte, habe ich natürlich nicht Nein gesagt. Ab da ging das eigene „Hühnerfieber" erst so richtig los und es entstand sogar ein Buch daraus („Ach du dickes Ei! Meine Kinder, die Hühner und ich"). Seit einigen Jahren gebe ich regelmäßig Kurse für private Hühnerbesitzer rund um die Hühnerhaltung im Garten. Bei diesen Kursen habe ich gemerkt, welche Fragen den Menschen unter den Nägeln brennen. Und dazu gehört die Gesundheit ihrer Lieblinge. Zum Einen ist es nämlich nicht leicht, einen Tierarzt zu finden, der Hobbyhühner behandelt, und zum Anderen gibt es kaum Literatur, mit der man sich selber helfen könnte. Oft ist es auch so, dass Hühner am Wochenende oder an Feiertagen krank werden und kein Tierarzt in der Nähe erreichbar ist. Damit Sie und Ihre Hühner nicht ganz aufgeschmissen sind, habe ich dieses Buch geschrieben. Es soll vermitteln, wie Sie Ihre Hühner vorbeugend fit halten können und was zu tun ist, wenn es Ihrem Huhn einmal nicht gut geht. Natürlich ersetzt das Buch niemals einen Tierarztbesuch, aber Sie bekommen Verständnis für die Zusammenhänge und den sich daraus ergebenden Maßnahmen und Möglichkeiten. Und nun wünsche ich Ihnen viel Spaß beim Lesen und gute Gesundheit für Sie und Ihre Hühner!
Ihre Katrin Sewerin

P.S.: Im Buch ist oft die Rede von Hybridhühnern oder Legehybriden und von Rasse-, Hobby- bzw. Gartenhühnern. Erklärungen zum Unterschied finden Sie ab Seite 106.

Wie erkenne ich ein krankes Huhn?

Hühner sind Gruppentiere, und wenn sie gesund sind, unternehmen sie normalerweise alles zusammen: Sie ruhen, sandbaden, trinken, fressen, schlafen, putzen sich gemeinsam und erkunden miteinander die Gegend. Ein krankes Huhn dagegen macht nicht mit. Oft steht oder liegt es an einer Stelle und kommt nicht mit den anderen angelaufen, wenn es Futter gibt. Das Tier macht einen teilnahmslosen Eindruck, manchmal schließt es die Augen, lässt den Kopf und/oder die Flügel hängen oder kauert mit aufgeplustertem Gefieder am Boden. Andere Anzeichen von Krankheit sind Abmagerung, Gefieder- und Hautveränderungen, vermehrter Juckreiz (vermehrtes Putzen), auffällige Körperhaltung und Bewegung (z. B. „Pinguinhaltung" bei Legenot, Humpeln etc.), längeres Verweilen im Nest, Durchfall, Niesen und blasse oder verfärbte Kopfanhänge.

Intakter Schnabel, keine Ausflüsse, rot gefärbter Kamm – so soll es sein.

Der Gesundheits-Check

Bei auffälligem Verhalten und offensichtlichen Abweichungen vom Normalzustand sollten Sie den Zustand Ihres Tieres genauer unter die Lupe nehmen. Generell empfiehlt es sich, die Hühner ständig gut im Blick zu haben und etwa einmal im Monat zu untersuchen, um Krankheiten schnell zu erkennen.

Das Untersuchen der Hühner soll für niemanden eine Tortour werden, weder für Sie noch für das Huhn! Gewöhnen Sie Ihre Hühner langsam an das Handling und den Ablauf der Gesundheitskontrolle, damit es zur Normalität wird. Nehmen Sie die Tiere regelmäßig auf den Schoß und kontrollieren Sie vorsichtig, ob alles in Ordnung ist.

Am besten ist es, wenn die Hühner freiwillig auf den Schoß springen und für die Untersuchungen nicht fixiert werden müssen. Dazu lockt man sie mit Futter und berührt sie während des Fressens an verschiedenen Stellen, sodass sich jedes Huhn langsam an das Prozedere gewöhnt.

Alternativ können Sie zu zweit vorgehen: Eine Person nimmt das Huhn abends sanft von der Sitzstange und umfasst vorsichtig von oben mit beiden Händen seitlich die Flügel, damit ein Flattern nicht mehr möglich ist – nur bitte nicht zu fest drücken, weil das Huhn sonst nicht mehr atmen kann. Die andere Person kann das Huhn währenddessen in Ruhe untersuchen. Ein behutsames und ruhiges Vorgehen ist für ein gutes Vertrauensverhältnis und zur Stressvermeidung wichtig – gerade weil abends die störungsempfindliche Schalenbildung stattfindet. Nach der Untersuchung hat sich das Huhn eine kleine Belohnung zum Beispiel in Form von Mehlwürmern verdient.

Auch bevor Sie neue Hühner anschaffen, sollten Sie diese vorher gründlich durchchecken. Kaufen Sie nur gesunde Tiere, um keine Krankheiten in Ihren Bestand einzuschleppen.

Und so geht's:

Schauen Sie sich das Huhn von Kopf bis Fuß an:

- Sind die **Augen** klar, nicht geschwollen und ohne Ausfluss?
- Sind die **Nasenlöcher** frei und ohne Ausfluss?
- Ist der **Schnabel** intakt und wohl geformt?

lgefutterter Kropf – das Huhn ist
t und zufrieden.

Spreizen Sie den Schnabel: Gibt es Beläge in der **Schnabelhöhle**? Sorgen Sie sich im Übrigen nicht, wenn Sie eine Öffnung in der oberen Schnabelhöhle entdecken: Das ist die Choanenspalte, eine natürliche Verbindung zwischen Schnabel- und Nasenhöhle, die sich beim Schlucken schließt.

> Atmet das Huhn, ohne dass verschniefte **Atemgeräusche** zu hören sind, und ist der Schnabel bei der Atmung geschlossen?
> Hat der **Kamm** eine normale Farbe und Gestalt, ist er frei von Verletzungen? Eine gesunde, legende Henne hat einen kräftigen, roten, meist aufstehenden Kamm, bei Junghennen und in der Legepause ist er blasser und schlaffer. Blasse, schwarze, bläuliche oder schlaffe Kämme weisen auf Erkrankungen hin.
> Fühlt sich der **Kropf** rundlich, körnig-teigig gefüllt und ähnlich groß wie ein Tennisball an?
> Sieht die **Kloake** normal und sauber aus? Bei einem legenden Huhn ist die Kloake feucht, groß und oval. Ist das Huhn älter oder in der Mauser und legt nicht, ist die Kloake kleiner und enger, rund und trocken. Sind die Federn an der Kloake durch Ausfluss verschmutzt (Hinweis auf Durchfall oder Legedarmentzündung)? Stülpt sich Schleimhaut aus? Ist ein Ei oder sind Schalenreste zu sehen? Krabbeln in der Umgebung der Kloake kleine Tierchen auf der Haut herum? Kleben hier an den Federkielen weißliche Eipakete von Federlingen?
> Sieht das **Gefieder** intakt aus, weist es keine kahlen oder zerzausten Stellen auf (außerhalb der Mauser)? Seien Sie jedoch vorsichtig beim Anfassen mausernder Hühner, da die Federfollikel in der Mauser besonders stark durchblutet und empfindlich sind.
> Gibt es Umfangsvermehrungen oder Verletzungen der Haut?
> Ist der Bereich **unter den Flügeln** frei von herumkrabbelnden Parasiten?

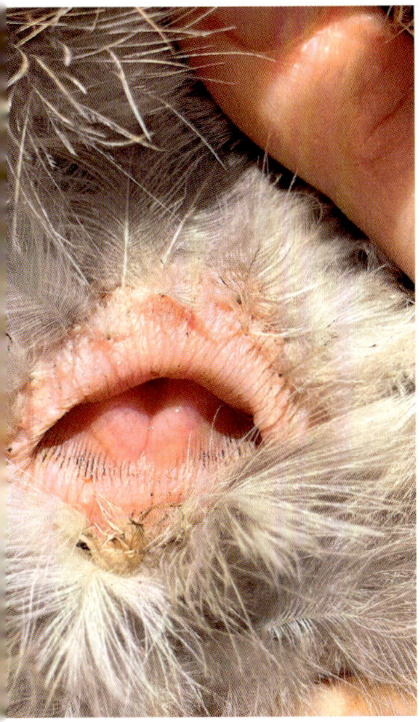

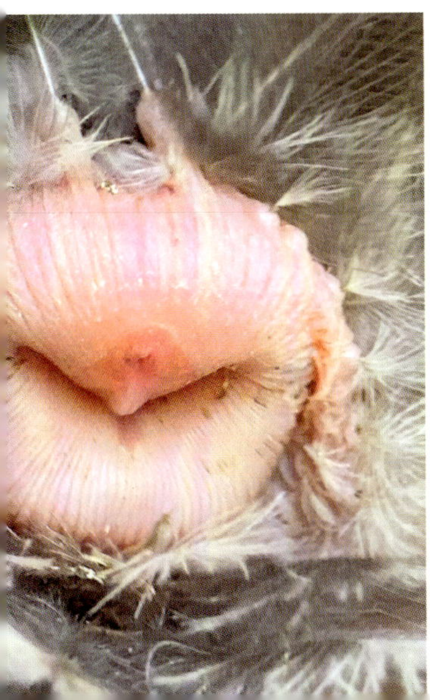

Oben: Gesunde, ovale Kloake einer legenden Henne.

Links: Gesunde, runde Kloake einer Glucke (nicht legend).

- Sind die **Zehen** frei von Verletzungen?
- Schauen Sie die **Fußballen** von unten an. Sind sie normal geformt und ohne Verhornungen oder Schwellungen?
- Haben die **Krallen** die richtige Länge, also maximal 1 cm?
- Sind die Schuppen der **Beine** glatt, anliegend und ohne Borken?
- Ist der **Bauch** weich und nicht vergrößert?
- Ist der **Ernährungszustand in Ordnung?** Tasten Sie dazu links und rechts neben dem Brustbein die Muskulatur ab. Die Henne sollte nicht nur ein Gerippe sein, das Brustbein sollte also nicht total spitz zulaufen und hervorstechen. Wenn es wiederum kaum zu fühlen ist, ist die Henne zu dick. Notieren Sie das **Gewicht** Ihrer Hühner regelmäßig, am besten vierteljährlich. So lässt es sich mit Rassestandards vergleichen und individuelle Veränderungen im Laufe der Zeit werden deutlich. Schauen Sie auch den Bereich am Ende vom Brustbein und den am Bauch unterhalb der Kloake an: Sieht es dort ausgebuchtet aus? Hier wird auch oft das Fett abgelagert.

Hier sind die Schuppen der Ständer schön glatt und anliegend, die Krallen nicht zu lang, keine Veränderungen an den Füßen – kein Grund zur Sorge.

SCHON GEWUSST?

Bei Nahrungsmangel steigt der pH-Wert im Verdauungstrakt beim Huhn schnell an. Ist der Darm 12 Stunden ohne Inhalt, funktioniert die Darmschranke nicht mehr richtig und die Mikroflora ändert sich. Deswegen sollte der Darm nie leer werden, die Gefahr von zum Beispiel einer Salmonelleninfektion oder anderen Durchfallerkrankungen steigt sonst an. Es ist also wichtig, dass ein krankes Huhn frisst, damit es nicht noch weiter bergab mit ihm geht. Ein appetitloses Huhn können Sie zum Fressen animieren, indem Sie es mit Leckereien wie gekochtem Reis mit beigemischten Mehlwürmern – je nach Vorliebe – überreden. Notfalls können Sie auch eingeweichte Pellets, eingeweichte Haferflocken oder Brei mit einer nadellosen Spritze vorsichtig in den Schnabel geben. Dabei darf jedoch nichts in die Atemwege gelangen!

Dieses Huhn kauert. Die Augen sind geschlossen, es ist aufgeplustert.

Erst als die Henne es geschafft hatte, diese Reste ihres Windeis zu legen, ging es ihr wieder gut.

> Behalten Sie auch immer die Ausscheidungen, die Eier und das Fressverhalten Ihrer Hühner im Auge: Ist der **Kot** fest und geformt, sehen die **Eier** normal aus und sind sie in nach Jahreszeit und Alter der Tiere typischer Anzahl vorhanden? Frisst das Huhn? Kranke Hühner oder Hühner, die Schmerzen haben, fressen meist wenig oder gar nicht.

Und was ist, wenn es dem Huhn nicht gut geht, Sie aber nichts erkennen können? Es kauert in der Ecke, frisst nicht, aber Sie können äußerlich nichts Auffälliges feststellen? Dann ist es wahrscheinlich, dass das Huhn mit den **inneren Organen** Probleme hat – bei Hennen ist das oft im Bereich des Legetraktes der Fall.

Wenn Sie beim Gesundheits-Check Auffälligkeiten finden, können Ihnen die Informationen in den folgenden Kapiteln weiterhelfen, ansonsten sollten Sie den Tierarzt um Rat fragen.

So unschön es ist: Ich empfehle, dass auch ein gestorbenes Huhn gründlich untersucht und die Todesursache tierärztlich durch eine Sektion abgeklärt wird. Die Erkenntnisse, die sich daraus ergeben, können die Herde schützen. Ist beispielsweise eine Verfettung festzustellen, kann man die Ernährung der Herde umstellen und Problemen mit der Leber und dem Legeapparat vorbeugen. Liegen bestimmte Infektionen vor, kann gezielt therapiert werden.

Es steckt fest: Kropfverstopfung

Der Kropf ist eine sackartige Ausstülpung der Speiseröhre und liegt rechtsseitig am unteren Halsbereich, am Eingang in die Brusthöhle. Die aufgenommene Nahrung wird dort zwischengelagert und eingeweicht. In dem hier herrschenden sauren Milieu (pH 4,5) siedeln Bakterien, die für eine Vorverdauung von Kohlenhydraten sorgen. Der Kropf reguliert die Magenfüllung: Erst, wenn der Magen leer ist, kommt der Kropfinhalt in den Magen.

Harter Kropf und Weicher Kropf

Allgemein

Bei genauem Hinsehen ist ein gefüllter Kropf bei manchen Tieren, die nicht so stark befiedert sind, als leichte Vorwölbung zu sehen (siehe Seite 8). Abends sollte der Kropf voll, morgens leer sein.

Erkennen

Macht das Huhn „seltsame“, schlängelnde Bewegungen mit dem Hals und zuckt der verdickte Kropfbereich, so als würde das Tier stark schlucken? Dann sind das Hinweise auf eine Kropfverstopfung. Diese kann in verschiedenen Formen auftreten.

> Fühlt sich der Kropf sehr prall und hart mit festem Inhalt an, liegt wahrscheinlich ein sogenannter **harter Kropf** vor. Wenn Sie nicht sicher sind, prüfen Sie am besten am nächsten Tag noch einmal, ob sich der Kropf zwischenzeitlich geleert hat. Stellen Sie dazu abends das Futter einfach weg oder kontrollieren Sie am frühen Morgen, bevor die Hühner die Sitzstangen verlassen und frühstücken.

- Fühlt sich der vergrößerte Kropf puffig-weich und flüssigkeitsgefüllt an und verströmt das Huhn eventuell einen süßlich-fauligen „Mundgeruch", spricht man vom **weichen Kropf**, einer Aufgasung des Kropfes durch Gärung von Futter- und Wasserresten.

Besteht die Kropfverstopfung längere Zeit, dann macht das Huhn insgesamt einen kranken Eindruck. Auch ein harter Kropf beginnt mit der Zeit zu gären. Oft entsteht ein bakterielles Ungleichgewicht im gesamten Magen-Darm-Trakt, was zu Durchfall führen kann. Weil der Weitertransport der Nahrung gestört ist, verhungert das Huhn mit der Zeit, obwohl der Kropf prall gefüllt ist. Es setzt dann nur noch flüssigen Kot ab. Zudem besteht die Gefahr, dass der überdehnte Kropf reißt und eine Blutvergiftung eintritt.

Tipp

Tasten Sie doch abends beim letzten Kontrollgang, wenn die Hühner auf der Sitzstange sitzen, den Kropf Ihrer Tiere vorsichtig ab, um ein Gefühl dafür zu bekommen, was normal ist.

Ursachen

Es gibt nicht die eine Ursache für eine Kropfverstopfung. Oftmals hat sich zum Beispiel nach gieriger und übermäßiger Aufnahme Stroh, Rasenschnitt, langfasriges Material oder Sägespäne zu einem Ballen verklumpt und kann nicht weitertransportiert werden. Eine Verletzung der Kropfschleimhaut durch aufgenommene Fremdkörper kann zu einer Infektion führen, die die Motorik der Kropfmuskulatur hemmt. Aber auch Erkrankungen wie die Marek-Krankheit, die durch ein Virus ausgelöst wird und zu Lähmungen führt, können zu Störungen des Weitertransportes von Futterbrei aus dem Kropf führen, ebenso wie raumfordernde Prozesse im Bauchraum und Probleme mit dem Legeapparat. Vorangegangene antibiotische Behandlungen und verschimmeltes Futter können Auslöser eines weichen Kropfes sein.

Vorbeugen

- Wichtig ist, dass Hühner **ständig** frisches, sauberes **Wasser** zur Verfügung haben, damit sie genug trinken können und der Kropfinhalt nicht zu trocken wird. Was trocken ist, kann nicht gut „weiterflutschen"!
- Auch das **Futter** sollte nicht ausgehen. Hungrige Hühner stürzen sich auf alles Mögliche, was fressbar ist (Einstreu, Heu, Stroh, lange Grashalme sowie andere große, schwer verdauliche Strukturen), was Verstopfungen zur Folge haben kann.
- **Verschimmeltes Futter** sollte generell nicht an die Hühner verfüttert werden.
- Hühner lieben **Rasenschnitt**, aber der kann im Kropf verfilzen bzw. gären. Also: am besten kein Rasenschnitt für Hühner! Kein Problem ist es dagegen, wenn sich die Hühner im Freilauf selbst frisches Gras schnabelgerecht abpicken.
- Aufgrund der Verletzungsgefahr sollte der Auslauf frei von Scherben, Plastikstückchen und anderen **Fremdkörpern** sein.
- Vorsicht ist immer geboten, wenn die Tiere zu große, harte Nahrungsstücke aufnehmen könnten. Möhren zum Beispiel gibt´s entweder klein gerieben oder im Ganzen, sodass die Hühner sich ihre Häppchen passend abpicken können.

- Achten Sie bei **Küken** auf ausreichend Futter und Erkundungsmöglichkeiten, denn die Kleinen nehmen ansonsten schon mal gerne zu viel Einstreu wie Sägespäne, Holzhackschnitzel oder ähnliche Partikel auf. Trockener Sand ist gut für Küken geeignet.
- Hühner müssen Zugang zu **Steinchen** haben. Steinchen wirken im Muskelmagen wie Mühlsteine: Sie zerkleinern die Nahrung und sorgen dafür, dass sich der Nahrungsbrei nicht anstaut, sondern weiter in den Darm befördert werden kann. Wenn sie fehlen, kann es auch passieren, dass die Hühner sich andere, faserreiche Strukturen suchen, die dann den Kropf verstopfen.
- Antibiotika bringen die natürliche Flora des Verdauungstraktes aus dem Gleichgewicht. Sollte einmal eine Behandlung mit einem Antibiotikum notwendig sein, hilft die Gabe von Probiotika wie zum Beispiel Brottrunk, um einer Hefepilzinfektion des Kropfes und somit einem weichen Kropf vorzubeugen. Während einer Antibiose sollte dies mit möglichst großem zeitlichen Abstand zur Verabreichung des Medikamentes erfolgen, damit die Milchsäurebakterien aus dem Probiotikum nicht sogleich größtenteils abgetötet werden. Auch nach der Antibiose sollten Probiotika eine Zeit lang weiterhin gefüttert werden.

Behandeln

Grundsätzlich sollte man mit der Behandlung einer Kropfverstopfung nicht lange warten, da – neben den oben genannten Risiken – die Gefahr einer dauerhaften Überdehnung der Muskulatur besteht. Man spricht dann von einem **Pendelkropf**. In dem Fall treten in der Folge häufig weitere Kropfverstopfungen auf, weil sich die Muskulatur nicht mehr ausreichend zusammenziehen kann. Bei einem Pendelkropf kann eventuell ein Kropf-BH (crop bra) unterstützen oder sogar eine Operation mit vorsichtiger Prognose nötig sein.

Glibber aus eingeweichten Flohsamenschalen mit Haferflocken.

- Da die Tiere anfangs meist noch fressen, versucht man als Erstes, den Weitertransport der Nahrung zu stimulieren. Dazu empfiehlt sich die Gabe von eingeweichten **Flohsamenschalen**, die in Wasser stark aufquellen und ein glibberiges Gel bilden. Am besten mischt man ein paar verlockende Haferflocken unter.
- **Simeticon** hilft bei weichem Kropf zusätzlich gegen die Aufgasung. Das Medikament fügt man am besten der oben genannten Mischung mit den Haferflocken zu.
- Wenn kein Erfolg eintritt, kann man zusätzlich ein Abführmittel wie Macrogol geben.

- Das **Trinkwasser** sollte, insbesondere bei weichem Kropf, mit **Apfelessig** versetzt werden. Apfelessig wirkt gegen Infektionen mit Bakterien und Hefepilzen, die häufig mit Kropfverstopfungen/-entzündungen einhergehen, und stärkt das Immunsystem.
- Geben Sie **Brottrunk** übers Futter. Brottrunk ist entsprechend den Normalbedingungen des Kropfes sauer und enthält förderliche Milchsäurebakterien, die die gestörte Flora des Kropfes wieder ins Gleichgewicht bringen können. In einem zeitlichen Abstand von mindestens 4 Stunden können Sie Oregano verfüttern, der antimikrobiell wirkt.

Sollte das Huhn nichts mehr fressen oder sollten die beschriebenen Maßnahmen ihre Wirkung verfehlen, suchen Sie bitte den Tierarzt auf! Er kann auch die Ursache der Kropfverstopfung feststellen und diese dann gezielt behandeln.

Ist jedoch kein Tierarzt zu erreichen, hängt das weitere Vorgehen davon ab, ob ein weicher oder harter Kropf vorliegt:

- **Harter Kropf:** Geben Sie dem Huhn tröpfchenweise **Speiseöl** in die Backentasche des Schnabels. Dazu verwenden Sie am besten eine Spritze, natürlich ohne Nadel. Achten Sie darauf, dass sich das Huhn nicht verschluckt, und geben Sie das Öl wirklich immer nur Tröpfchen für Tröpfchen, damit es nicht in der Lunge landet. Das Öl dient dazu, den Kropfinhalt gleitfähig zu machen. **Massieren** Sie anschließend vorsichtig den Kropfinhalt und versuchen Sie, die Klumpen zwischen Ihren Fingern aufzubröseln, ohne dabei die Schleimhaut des Kropfes zu verletzen. Dies muss möglicherweise mehrmals am Tag durchgeführt werden. Führen Sie diese Massage nur durch, wenn Sie keine Fremdkörper im Kropf fühlen!
- **Weicher Kropf:** Hier brauchen Sie Unterstützung von einer zweiten Person. Einer von Ihnen hält das Huhn für ein paar Sekunden mit dem Kopf nach unten und der andere massiert den Kropfinhalt Richtung Boden, sodass sich das Tier **übergibt**. Es wird sich eine übelriechende Flüssigkeit entleeren. **Vorsicht:** Dies geschieht nur in dringenden Fällen, wenn es keine alternative Hilfe für das Huhn gibt. Es liegt also in Ihrer Eigenverantwortung, weil die Gefahr besteht, dass das Tier dabei erstickt!

Bleibt das Problem trotz aller Maßnahmen bestehen, so wird es nötig sein, den Kropf durch den Tierarzt operativ öffnen und entleeren sowie die Kropfschleimhaut mit einem Medikament behandeln zu lassen.

Bei wiederkehrendem weichem Kropf kann Ihr Tierarzt medikamentös gezielt gegen diagnostizierte Erreger, meist Hefepilze, vorgehen.

Nach Behebung einer schweren Kropfverstopfung ist es ratsam, das Huhn für ein paar Tage zu isolieren, damit es keine Körner oder langfaseriges Futter aufnehmen kann. Kleine Mengen **Weichfutter** wie Brei, eingeweichte Pellets oder eingeweichte Haferflocken, gekochte Nudeln und gekochter Reis sind nun empfehlenswert. Am besten gießt man zusätzlich einen Schuss Wasser über das weiche Futter, damit der Kropfinhalt schön rutschig bleibt. Das Trinkwasser sollte auch jetzt mit **Apfelessig** versetzt sein.

Alles, was hinten rauskommt

Von oben nach unten: Normaler Kot. Blinddarmkot. Gluckenhaufen.

Normaler Hühnerkot ist fest, geformt und bräunlich. Da Hühner keine Harnblase besitzen, wird der Urinanteil zusammen mit dem Kot ausgeschieden. Er ist als weiße Haube auf dem Kot erkennbar. Etwa jedes zehnte Mal setzt das Huhn den sogenannten Blinddarmkot ab, der wie Schoko-Streichcreme aussieht und intensiver stinkt. Der Kothaufen einer brütenden Henne ist – sofern sie genug frisst – wesentlich größer und riecht strenger als der Kot der sonstigen Hühner, da die Glucke nur einmal am Tag das Nest verlässt und somit die gesamte Tagesmenge auf einmal absetzt.

Normaler Kot mit einem kleinen Stückchen Darmschleimhaut.

SCHON GEWUSST?

Hühner, insbesondere Küken, erneuern regelmäßig die Darmschleimhaut. Es ist also normal, wenn man öfter kleine, rötliche Gewebeanteile im Kot findet. Bei größeren Anteilen und Blutbeimengungen muss man dagegen alarmiert sein.

Bläulich verfärbter Kot nach Verzehr eines Rotkohls.

Durchfall

Allgemein

Dünnflüssiger Kot ist nicht immer krankheitsbedingt. Es gibt verschiedene Ursachen für normale Veränderungen der Konsistenz und Farbe. Der Feuchtigkeitsgehalt des Kotes kann nahrungsbedingt erhöht sein, wenn das Huhn zum Beispiel viel Frischfutter wie Melonen oder Salat bekommen hat. Auch die Farbe des Kotes kann sich futterbedingt ändern. Sie wird rötlich durch Rote Beete, grünlich durch grünes Gemüse, bläulich durch Rotkohl und schwärzlich durch Blaubeeren. Bei einem Salzüberschuss im Futter trinken die Hühner mehr und scheiden dann oft dünnflüssigen Kot aus.

Erkennen

Durchfall erkennt man daran, dass sich die Konsistenz von fest zu ungeformt und breiig, wässrig oder schaumig ändert. Hinzu kommen oft farbliche Veränderungen. Auch ein kotverschmierter Po sowie eventuell unverdaute Bestandteile wie ganze Weizenkörner im Kot sind Anzeichen für eine Durchfallerkrankungen.

SCHON GEWUSST?

Bei einer Darmerkrankung kann die Aufnahme von Mineralsalzen im Darm ungenügend sein. Dies wirkt sich auch auf die Bildung der Eischalen aus. Deshalb sollte in Zeiten mit Darmproblemen auch die Eiqualität im Auge behalten werden. Womöglich sollte zeitweise zusätzlich Vitamin D und Kalzium gegeben werden, um Problemen mit dem Legeapparat, die sich ansonsten aus instabilen Eiern ergeben können, vorzubeugen.

Ursachen

Eine krankhaft bedingte Verflüssigung des Kotes kann verschiedene Gründe haben.

- Tiere, die nicht oder kaum fressen, setzen mit dem Kot hauptsächlich Gallenflüssigkeit ab. Ein solcher „Hungerkot“ ist dadurch grünlich und dünnflüssig.
- Stresskot sieht wässrig-flockig aus.
- Erreger wie Bakterien (z. B. Clostridien), Viren, Hefen, einzellige Endoparasiten (z. B. Kokzidien) und Würmer sind ebenfalls mögliche Auslöser von krankhaft

Hungerkot.

Stresskot, entstanden nach dem Einfangen ausgesetzter Hühner.

bedingtem Durchfall. Blutanteile lassen den Kot rötlich erscheinen, bei bestimmten Erregern kann er gelblich, grünlich oder schaumig werden. Schwefelgelber Kot, insbesondere bei gemeinsamer Haltung mit Puten oder Fasanen, kann beispielsweise auf die Schwarzkopfkrankheit zurückzuführen sein. Sie verursacht Leber- und Blinddarmschäden sowie blauschwarze Verfärbungen der Kopfanhänge durch Kreislaufversagen (vor allem bei Puten).

- Eine erhöhte Passagerate durch den Verdauungstrakt wie bei unbemerkten, stillen Infektionen durch Kokzidien oder Clostridien kann zur Ausscheidung unverdauter Bestandteile wie ganzer Weizenkörner führen. Solche Anzeichen können auch auftreten, wenn eine geschädigte Schleimhaut im Verdauungstrakt die Nahrungsbestandteile nicht aufschließen kann.
- Stressfaktoren, wie die Mauser, können das Huhn schwächen und zu Infektionen und Durchfall führen.
- Außerdem geht mit Erkrankungen, die außerhalb des Verdauungstraktes liegen, wie Legenot oder Schichteibildung, oftmals Durchfall einher.
- Generell kann es sein, dass bei raumfordernden Prozessen im Bauchraum nur noch dünnflüssige Bestandteile des Verdauungstraktes nach außen passieren können.
- Bei Krankheiten, die mit Fressunlust verbunden sind, erfolgt durch pH-Verschiebung ein bakterielles Ungleichgewicht im Darm, wodurch in der Folge ebenfalls Durchfall entstehen kann.
- Da Hühner Kot und Urin gleichzeitig ausscheiden, muss bei Veränderungen der Konsistenz auch an Nierenprobleme gedacht werden. Bei Nierenproblemen ist normaler Kot oft von viel Flüssigkeit umgeben, während anderweitig bedingter Durchfall eher homogen ist. Beachten muss man aber, dass die Urinflüssigkeit den Kot in der Kloake aber auch verdünnt haben kann, sodass das Bild nicht immer typisch sein muss.

Vorbeugen

Hygiene ist das A und O. Der Infektionsdruck lässt sich durch folgende Maßnahmen reduzieren:

- Entfernen Sie täglich den Kot vom **Kotbrett**, sodass Ihre Tiere beim Auf- und Absteigen von den Sitzstangen keinen Kontakt mit ihrem Kot und den darin enthaltenen Erregern haben. Ein klappbares Laufgitter zusätzlich über dem Kotbrett sorgt für noch bessere Hygiene. Da durch den Kot Ammoniak in die Luft entweicht und dieser die Atemwege reizt, sollte man auch bei eingesetztem Laufgitter den Kot täglich entfernen. Viel Kot im Stall führt auch zu klammer Luft, die den Tieren besonders im Winter und bei Zugluft zusetzt, denn die Kombination von Feuchtigkeit, Durchzug und Kälte wirkt sich gesundheitlich nachteilig auf Hühner aus.
- Wichtig ist auch eine saubere **Einstreu**. Wenn Sie nur ein paar Hühner haben, können Sie die einzelnen Kotballen aus der Einstreu entfernen. Wichtig ist ein

regelmäßiges Ausmisten (mindestens alle 3 bis 4 Wochen). Die **Einstreu muss immer trocken** sein, denn in feuchtem Material vermehren sich Parasiten und Bakterien besonders zügig. Bei Hobby-Hühnerhaltung hat man in der Regel kein Problem mit feuchter Einstreu, weil die Tiere den ganzen Tag draußen sind. Anders sieht es bei Stallpflicht aus. Streuen Sie in dem Fall gerne Körner unter die Einstreu. Durch das Scharren der Hühner darin trocknet die Einstreu schneller.

- Auch im Auslauf sollen die **Kothaufen täglich entfernt werden**, um die Verbreitung von Erregern zu reduzieren. Alternativ harken Sie den Auslauf regelmäßig aus.
- Entsprechend sollte der **Auslauf trocken** sein, insbesondere im stallnahen Bereich. Notfalls können hier eine Drainage, grobe Kiessteine oder Betonierungen helfen.
- Optimal ist es, wenn Sie die Möglichkeit haben, die Fläche für den Auslauf Ihrer Hühner immer mal zu wechseln. Eine solche **Wechselweide** lässt sich am einfachsten mit mobilen Zäunen realisieren. Die Tiere können sich dann öfter auf einer frischen Weide bewegen.
- Wasser sollte täglich frisch gereicht werden und etwas erhöht stehen oder hängen, damit es nicht so schnell verschmutzt. Sinnvoll ist es, wenn im Bereich unter der Tränke ein Gitter liegt, sodass die Tiere das übergeschwappte, verschmutzte Wasser nicht aufnehmen können. Säubern Sie regelmäßig die Behälter, damit sich kein schmieriger Biofilm am Boden des Tränkgefäßes bildet. Mischen Sie gegebenenfalls **Apfelessig** mit ins Wasser, um den Keimgehalt zu senken und den Verdauungstrakt zu unterstützen.
- Futter sollte für Wildvögel und Nagetiere unzugänglich in sogenannten **Futterautomaten** angeboten werden, um eine Infektion mit Salmonellen oder anderen Keimen zu verhindern. Bei einem solchen Automaten öffnet sich der Futterbehälter erst, wenn ein Huhn auf ein Trittbrett steigt. Natürlich darf man trotzdem auch Portionen zum Suchen und zur Beschäftigung ausstreuen – aber eben nur so viel, wie die Hühner alsbald verbrauchen. Nach Geflügelpestverordnung darf nur an Stellen, die für Wildvögel unzugänglich sind, gefüttert werden.
- Sorgen Sie für eine gute **Verdauung** bei Ihren Hühnern: Bieten Sie den Tieren **Magensteinchen** an. Hühner haben keine Zähne. Die Zerkleinerung der Nahrung findet im sogenannten Muskelmagen statt, wo die Steinchen aneinander reiben und das Futter zermahlen. Es gibt Steinchen für Küken, Jung- und Legehennen in verschiedenen Korngrößen als sogenannten Grit. Unter Grit versteht man Bestandteile aus Quarz, Granit und Basalt, die unter Säurezugabe unlöslich sind. Bieten Sie Grit in einer Körnung von 3 bis 5 mm zur freien Verfügung an, aber gerade Freilauftiere suchen sich ihre Steinchen auf ihrer Erkundungstour oft selbst. Im Handel werden diese kleinen Magenkiesel meist in einer Mischung mit Muschel- und Aus-

Tipp

Keimgetreide können Sie wie folgt selbst ansetzen: Weizen, Hafer, Gerste oder Leinsamen über Nacht in Wasser quellen lassen, danach in ein Sieb füllen. Das Getreide in dem Sieb mehrmals täglich mit Wasser spülen. Sobald der Keim durchbricht (meist etwa am dritten Tag), hat das Keimgetreide die gewünschten Inhaltsstoffe. Vor dem Verfüttern gut spülen.

Gekeimte Weizenkörner sind für die Gesundheit besonders wertvoll.

ternschalen (oft Kalk- oder Muschelgrit genannt) angeboten. Diese Bestandteile sind unter Säurezugabe löslich, sodass gleichzeitig für eine ausreichende Kalziumaufnahme gesorgt ist.

- **Brottrunk** lässt sich gut ins Futter mischen. Die darin enthaltenen Milchsäurebakterien fördern eine gesunde Darmflora.
- Gerade in der Mauser benötigen Hühner eine besondere Stärkung, um gesund zu bleiben. **Keimgetreide** ist voller wertvoller Inhaltsstoffe: essenzielle Aminosäuren, Spurenelemente und Vitamine.
- Auch **Bierhefe** unterstützt das Immunsystem sowie die Gefiederbildung in der Mauser.
- Für eine gute Darmgesundheit wirken Zwiebeln, Knoblauch (auch gepresst in Öl), Möhren, Oregano, Petersilie und weitere **Kräuter** wie beispielsweise Kamille und Fenchel. Brennnessel ist für Hühner generell sehr wertvoll.
- **Rohfaser** und **Säuren** sind für die Darmgesundheit wichtig.

Behandeln

Bei ersten Anzeichen von krankheitsbedingtem Durchfall können Sie wie unten beschrieben vorgehen. Helfen die Maßnahmen nach ein paar Tagen nicht oder geht es dem Tier sehr schlecht, bringen Sie am besten eine Kotprobe zum Tierarzt – oder auch das Tier, wenn Sie wissen, welches Huhn Durchfall hat. Eine Kotprobe bringt Klarheit darüber, wie gezielt zu behandeln ist.
Auch sollten Sie den Tierarzt aufsuchen, wenn weitere Krankheitssymptome vorliegen oder viele Tiere erkrankt sind. Haben Küken Durchfall – gerade, wenn es mehrere betrifft – ist es besser, nicht lange selbst herumzuexperimentieren, sondern

Fast ein Alleskönner: Oregano.

umgehend den Tierarzt zurate zu ziehen.

Meist weiß man nicht sofort, welches Tier Durchfall hat. Zudem ist davon auszugehen, dass es sich um eine ansteckende Angelegenheit handelt. Daher behandelt man auf jeden Fall die gesamte Herde:

- **Apfelessig** im Trinkwasser hilft nicht nur zur Vorbeugung von Durchfall, sondern auch im akuten Fall. Dies reduziert den Keimgehalt des Wassers, stimuliert das Immunsystem und unterstützt die Darmgesundheit. Die Hühner trinken diesen Mix gerne.
- **Oregano** wirkt antimikrobiell und entzündungshemmend. Füllen Sie ein zweites Trinkgefäß mit Oreganoöl entsprechend der Dosierangabe des jeweiligen Herstellers oder abgekühlten Oreganotee. Nicht alle Tiere mögen den Geschmack – die, die es nicht mögen, können das Wasser mit Apfelessig trinken. Übers Futter lässt sich Oregano meist mit größerer Akzeptanz anwenden. Man kann frische, klein gehackte oder getrocknete Oreganokräuter verfüttern oder Oreganoöl dem Futter nach Anweisung dazugeben. Es gibt auch kommerzielles Fertigfutter, dem schon vorbeugend etwas Oregano zugesetzt ist, und Oreganoextrakt.
- Um die Darmflora wieder ins Gleichgewicht zu bringen, bietet sich eine Mischung aus Haferflocken, geriebenen Möhren und etwas **Brottrunk** an. Wenn Sie Brottrunk und Oregano an einem Tag gleichzeitig geben möchten, geben Sie beides übers Futter, aber halten Sie am besten einen zeitlichen Abstand von 3 bis 4 Stunden voneinander, da Oregano antimikrobiell wirkt und somit auch die Wirkung der Milchsäurebakterien im Brottrunk vermindern könnte.

Auch wenn Sie vorsorglich alle Hühner behandeln: Versuchen Sie dennoch möglichst herauszubekommen, welche Ihrer Hühner Durchfall haben. Vielleicht können Sie morgens im Stall gucken gehen, bevor die Hühner die Sitzstange verlassen, und den Durchfallhaufen dem jeweiligen Huhn zuordnen. Oder Sie stellen sich eine Weile mit in den Auslauf und beobachten, welches Huhn welche Ausscheidungen hinterlässt. Mit Kot verschmiertes Gefieder am Po weist oft auch auf Durchfall hin, ebenso sind kotverschmierte Eier ein Hinweis.

- Misten Sie den Stall aus und entfernen Sie die Kothaufen im Auslauf, um den Keimdruck zu reduzieren.
- **Separieren** Sie das kranke Huhn beziehungsweise die kranken Hühner. So können Sie sie gezielt behandeln und die anderen schützen. Am besten hat man dazu ein gesondertes Krankenabteil mit Sichtkontakt zur Herde. Ansonsten könnte man eine große Hundebox nehmen.
- Oregano wird zu therapeutischen Zwecken höher dosiert als beim vorbeugenden Einsatz, etwa in dreifacher Dosierung.
- Nun kann man **zusätzlich** mit **Kohletabletten** arbeiten, diese binden Wasser und Giftstoffe. Ähnlich wirkt **Apfelpektin**.
- Bieten Sie bei starkem Flüssigkeitsverlust eine **Elektrolytlösung** an oder geben Sie notfalls etwas davon mit einer Spritze (ohne Nadel) tröpfchenweise in den Schnabel. Wenn man keine Elektrolytlösung zu Hause hat, lässt sich eine selbst herstellen (siehe Seite 115).
- Mit einer Moroschen Möhrensuppe kommt die Darmflora wieder ins Gleichgewicht. Die Suppe sollte am besten gleich zu Beginn der Erkrankung und mehrfach täglich verfüttert werden. Sie lässt sich gut auf Vorrat kochen und portionsweise einfrieren. Dann hat man im Notfall immer etwas parat. Manchmal mögen die Hühner die Suppe auch lieber, wenn man noch etwas hinzufügt, zum Beispiel indem man Weißbrot einlegt. Es gibt bereits fertige Morosche Möhrensuppe auch käuflich zu erwerben.

REZEPT

Morosche Möhrensuppe

500 Gramm geschälte Karotten in einem Liter Wasser 1,5 Stunden lang kochen, dann die Möhren im Mixer pürieren. Den so entstandenen Brei erneut mit abgekochtem Wasser auf einen Liter auffüllen und mit 3 g Salz (etwa einem Teelöffel) würzen, um die verloren gegangenen Elektrolyte zu ersetzen. Falls die Suppe Ihren Hühnern zu dünnflüssig ist, können Sie die Wassermenge reduzieren.

Wichtig ist hier die lange Kochdauer! Wenn man Möhren sehr lange kocht, entstehen kleinste Zuckermoleküle (Oligogalakturonsäuren), die den Darmrezeptoren zum Verwechseln ähneln. Dadurch docken die krankmachenden Bakterien an den Zuckermolekülen an, statt an der Darmwand und werden auf diese Weise ausgeschieden. Somit kommt die Darmflora wieder ins Gleichgewicht.

Würmer

Allgemein

Hühner können von verschiedenen Wurmarten befallen sein (Spul-, Haar-, Blinddarm-, Band-, Luftröhrenwürmer). Zum Glück sind keine dieser Parasiten für den Menschen ansteckend.

Ein geringer Wurmbefall ohne Symptome ist in der Regel unproblematisch, da sich bei einem gesunden Magen-Darm-Trakt und guten Haltungsbedingungen ein biologisches Gleichgewicht zwischen dem Parasiten und dem Wirt – also dem Huhn – einstellt. Sobald sich Symptome oder ein Wurmbefall bemerkbar machen, muss man in jedem Fall einschreiten. Jungtiere haben in der Regel ausgeprägtere Symptome als Alttiere, die weniger empfindlich sind. Blinddarmwürmer können die Schwarzkopfkrankheit übertragen, für die aber Puten empfänglicher sind als Hühner.

Erkennen

- Am häufigsten sind Infektionen mit Spulwürmern. Die Parasiten sehen wie Spaghetti aus und lassen sich besonders gut im Kot der Hühner erkennen. Kleine, weißlich-transparente, bewegliche Kügelchen im oder neben dem Kot weisen auf einen Bandwurmbefall hin. Aber nicht immer lassen sich Würmer augenscheinlich im Kot entdecken. Manchmal ist Durchfall der einzige Hinweis auf eine mögliche Wurminfektion, Abmagerung kann hinzukommen.

Spulwurmbefall.

- Ein Wurmbefall schädigt die Darmschleimhaut. Dadurch wird der Darm zum einen anfällig für Infektionen durch Bakterien wie Clostridien und Coli-Bakterien, zum anderen kann er weniger Nährstoffe aufnehmen. Dies führt zu einer Mangelernährung und Blutentzug, was zum Beispiel an ungesundem Gefieder und blassen Kämmen sichtbar wird.
- Zudem wird die Legeleistung beeinträchtigt: Es kann vorkommen, dass die Hühner weniger oder/und kleinere Eier legen und dass die Schale dünn wird oder der Dotter blass, weil die Würmer die für die Farbgebung des Dotters nötigen Carotinoide fressen.
- Ein hochgradiger Wurmbefall kann sogar zu einem tödlichen Darmverschluss führen.
- Manchmal haben nur einzelne Hühner in der Herde augenscheinliche Probleme mit Würmern – so könnte zum Beispiel eine Henne auffallen, deren Eier ungewöhnlich helle Dotter haben. Eine Kotprobenuntersuchung durch den Tierarzt kann Klarheit bringen.

Ursachen

Alle Freilaufhühner kommen mit Würmern in Kontakt, da Leckerbissen wie Schnecken, Käfer, Fliegen und Regenwürmer sowie Wildvögel Überträger sind.

Vorbeugen

- Damit es gar nicht erst zu Schwierigkeiten mit Darmparasiten kommt, sollte man vorbeugend für eine **gute Hygiene** im Stall und im Auslauf sorgen. Es gelten hier dieselben Maßnahmen, wie zur Vorbeugung von Durchfall beschrieben (siehe Seiten 19, 20, 21).
- Auch die Darmgesundheit ist wichtig. Bieten Sie Ihren Hühnern immer mal wieder, am besten wöchentlich, Wasser mit **Apfelessig** an.
- Füttern Sie zwischendurch Gesundheitsbooster, die auch als wurmfeindlich gelten. Auf dem Anti-Wurm-Programm stehen: Knoblauchzehen, Zwiebeln, Oregano, Möhren plus etwas (Kokos-)Öl, Hagebuttenkerne, Kürbiskerne, Kresse, Meerrettich, Radieschen, Thymian, Walnussblätter, Petersilie, Strahlenlose Kamille, Beifuß und insbesondere Wermut, alles am besten roh und frisch geschnibbelt. Ansonsten gibt es im Fachhandel auch getrocknete wurmfeindliche Kräuterfertigmischungen. Gekochter Reis oder ein paar Haferflocken bieten eine wunderbare Grundlage für solche Mischungen.
- Rohe Knoblauchzehen lassen sich auch als gequetschte Knoblauchzehe ins Wasser legen. Bieten Sie immer auch einen Napf ohne Knoblauchwasser für die Spezialisten an, die es nicht mögen und sonst die Wasseraufnahme verweigern, was weitere Probleme nach sich ziehen könnte.
- Um Probleme mit Darmparasiten zu vermeiden, geben Sie am besten regelmäßig (etwa alle 3 bis 6 Monate) eine **Sammelkotprobe** Ihrer Herde beim Tierarzt ab, um festzustellen, ob eine Wurmkur notwendig ist. Dies ist gar nicht so teuer

und eine empfehlenswerte Vorgehensweise, denn zu häufige Entwurmungen ins Blaue hinein können zu Resistenzen führen. Manche Hühnerhalter entwurmen dennoch lieber grundsätzlich 1- bis 4-mal jährlich, andere hingegen entwurmen gar nicht bzw. erst dann, wenn ein Wurmbefall durch Symptome offensichtlich ist. Welches Vorgehen in Ihrem Fall das Beste ist, sollten Sie gemeinsam mit Ihrem Tierarzt abwägen. Denn wie groß die Wurmproblematik in Ihrer Herde ist, hängt letztlich von vielen verschiedenen Faktoren ab (Herdengröße, Auslauffläche und -größe, Hygiene, Ernährung, Dauer der Hühnerhaltung, Zukauf von Tieren, Alter der Hühner etc.).

Behandeln

- Spätestens bei sichtbarem Wurmbefall müssen Hühner mit einem Medikament vom Tierarzt entwurmt werden. Hat nur ein Huhn Probleme mit Würmern, müssen auch alle anderen Tiere mit entwurmt werden. Meist kommt für diese **Wurmkur** der Wirkstoff Flubendazol zur Anwendung. Die Eier darf man hierbei weiterhin essen. Nach Anweisung rührt man das Mittel in der Regel sieben Tage lang ins Trinkwasser. Da es sich sehr schlecht löst, muss man sehr lange und intensiv rühren. Erfahrungsgemäß ist es bei Gartenhühnern nicht ganz leicht, dafür zu sorgen, dass die Tiere eine ausreichende Menge des Wirkstoffes aufnehmen. Theoretisch dürften die Hühner nämlich keine andere Flüssigkeit als das mit dem Wirkstoff versetzte Trinkwasser aufnehmen. Dies ist aber in der Hobbyhaltung nahezu unmöglich sicherzustellen. Es muss nur einmal regnen, und schon trinken die Tiere aus Pfützen oder nehmen die kleinen Wassertropfen auf, die am Zaun hängen! Oder sie fressen Gras und Kräuter oder es gibt zwischendurch Salat oder Obst, wodurch sich der Wasserbedarf verringert. Eine praktikable Möglichkeit zur Umgehung dieser Problematik besteht darin, eine kleinere Vorlösung der Tagesgesamtdosis herzustellen und diese über eine leckere Frühstücksportion zu gießen und gut zu mixen. Anderes Futter gibt es erst nach vollständiger Medikamentenaufnahme. Für Leckermäuler muss der unangenehme Geschmack aufgepeppt werden. Dazu könnte man geriebene Möhren oder Weißbrot unter den Medizinbrei rühren. Die Futtermenge muss insgesamt so klein sein und an mehreren Stellen angeboten werden, dass jedes Huhn etwa gleich viel abbekommt und unverzüglich leer frisst. Noch genauer geht es, wenn man jedes Huhn einzeln mit kleinen Medizin-Futterbällchen füttert. Die Gabe übers Futter weicht jedoch von den offiziellen Herstellerangaben ab.
- Wer regelmäßig entwurmen möchte, sollte einen günstigen Zeitpunkt wählen. Da eine Entwurmung während der Mauser möglicherweise zu Gefiederschäden führen kann, empfiehlt sich eher ein Termin im Sommer vor der Mauser. So gehen die Tiere fit in die immunschwächende Mauser und in den Winter. Auch bei Jungtieren, die ihr Gefieder noch wechseln, sollte man dies berücksichtigen. Wird allerdings während der Mauser oder bei Jungtieren ein Wurmbefall festgestellt, sollte unmittelbar entwurmt werden, da der Wurmbefall die Hühner sehr wahrscheinlich mehr schädigen würde als das Wurmmittel.

- Mit dem Entwurmungsmittel werden nur die erwachsenen Stadien, die Würmer selbst, nicht aber die Wurmeier abgetötet. Hinzu kommt, dass im Auslauf weiterhin Wurmeier vorhanden sind. Deshalb ist bei hochgradigem Befall eine **Wiederholung** der Entwurmung nach ein paar Wochen ratsam. Sprechen Sie mit Ihrem Tierarzt über das in Ihrem Fall passende Intervall.
- Damit die Hühner nach einer Entwurmung nicht sofort wieder neu befallen werden, sollte man zeitgleich den **Stall gründlich ausmisten. Den Auslauf** komplett zu **reinigen**, ist in der Regel eine schwierige Angelegenheit. Wer die Möglichkeit dazu hat, kann den Boden kalken und umgraben oder abtragen. Wichtig ist in jedem Fall, regelmäßig – am besten täglich – die Kothaufen zu entfernen und für einen trockenen Boden zu sorgen. Zwar lassen sich damit nicht sämtliche Wurmeier beseitigen, aber immerhin kann die Menge deutlich reduziert werden. Um den Infektionsdruck weiter zu vermindern, kann man auch Einstreu oder frischen Sand über den Auslaufboden streuen. Optimal ist es natürlich, wenn Sie die Auslauffläche wechseln und in der Zwischenzeit den alten Auslauf neu einsäen können.

Tipp

Füllen Sie den Auslauf im Herbst einfach mit zusammengeharktem Laub! Dann ist es entsorgt und die Hühner werden es lieben, nach Herzenslust darin herumzuscharren. Mit der Zeit bildet sich eine neue Lage Erde über dem ursprünglichen Boden, wodurch der Keimgehalt etwas reduziert werden kann.

Kokzidien

Allgemein

Kokzidien kommen überall vor und gehören praktisch zu Hühnern dazu. Es handelt sich dabei um Einzeller, die im Darm der Hühner parasitieren und die Darmwand schädigen. Sie stellen insbesondere für Küken und Jungtiere eine Gefahr dar und verursachen eine ernste, oft blutige Durchfallerkrankung.

Kokzidien sind vor allem in großen, industriellen Hühnerhaltungen von Bedeutung, da hier die Erregerzahlen explosionsartig steigen können und wirtschaftliche Verluste durch Leistungseinbußen eine Rolle spielen. Bei feuchtem, warmem Wet-

SCHON GEWUSST?

Wenn Hühner Kokzidien haben, ist es für uns Menschen nicht ansteckend, weil Kokzidien streng wirtsspezifisch sind!

ter sowie dementsprechend bei nassen, aber auch älteren Ausläufen und bei feuchter Einstreu ist das Infektionsrisiko auch bei Hobbyhühnern, insbesondere für Jungtiere, hoch.

Eine Abwehrschwäche durch Stressfaktoren oder andere Infektionen können ebenfalls eine Kokzidiose – also eine Erkrankung durch Kokzidien – befördern. Ein Befall mit Kokzidien kann aber auch umgekehrt Infektionen mit weiteren Erregern (z. B. mit Clostridien) begünstigen.

Erkennen

Meist treten Symptome zwischen der 3./5. und der 6./8. Lebenswoche auf. Befallene Küken kauern und haben ein aufgeplustertes, gesträubtes Gefieder. Aufgrund von Bauchschmerzen buckeln sie mit eingezogenem Kopf, außerdem nehmen sie nicht richtig zu und haben Durchfall, der unter Umständen auch blutig sein kann. Kokzidiosen werden durch verschiedene Kokzidien-Arten ausgelöst. Eine Form der Kokzidiose ist die ernst zu nehmende Blinddarmkokzidiose oder „Rote Kükenruhr“. Hierbei haben die Tiere braun-roten, blutigen Durchfall durch eine Kokzidien-Art, die im Blinddarm angesiedelt ist. Eine Kotprobe beim Tierarzt kann Klarheit darüber schaffen, welche Erreger vorliegen.

Vorbeugen

- Hier gelten grundsätzlich alle Maßnahmen zur Hygiene und zur Pflege der Darmgesundheit, die zur Vorbeugung von Durchfall empfohlen werden (siehe Seiten 19, 20, 21).
- Vorsicht ist (sowieso immer) bei **Zukauf** verschiedener Tiere geboten, da die Hühner sich gegenseitig mit den verschiedenen Kokzidien-Arten anstecken können.
- **Erwachsene Hühner** sind meist gesunde Träger und scheiden diese Erreger aus. Daher müssen Küken frühzeitig eine gute Immunität entwickeln. Bei **Naturbrut** in der Hobbyhaltung kommen die frisch geschlüpften Küken unter der Glucke von alleine mit Kokzidien in Kontakt und können eine Immunität ausbilden, was im Prinzip eine natürliche Impfung ist.
- Insbesondere im Zusammenhang mit dem Thema Kokzidien stellt sich bei der Kükenaufzucht die Frage nach der **Futterwahl**. Kommerziell erhältliches Kükenfutter ist nämlich oft mit einem sogenannten Kokzidiostatikum versetzt. Es handelt sich dabei um einen chemischen Wirkstoff, der die Anzahl der Kokzidien und somit den Infektionsdruck reduzieren soll. Füttert man ein Futter mit Kokzidiostatikum, sollten die Küken kein Zusatzfutter bekommen, da das Medikament sonst unterdosiert wird und das Risiko einer Resistenzentwicklung (und somit eines Wirkverlustes) weiter steigt. Gerade in der Hobbyhaltung möchte man die Kleinen aber für später bereits an eine Vielzahl an Futtersorten gewöhnen. Außerdem fressen sie natürlich sowieso auch die Würmer, Körnchen und Fliegen, die die Glucke anbietet, sodass es bei guter Hygiene (gegebenenfalls

Abtragung der alten Erde des Kükengeheges vor dem Schlupf) und häufigem Ausmisten in der Regel sinnvoller erscheint, ein Bio-Kükenfutter frei von Medikamenten zu verwenden. Um die Küken dennoch zu schützen, füttert man **Oregano**. Zusätzlich kann man Oreganotee oder Oreganoöl mit ins Wasser geben (nach Dosierungsanweisung des Herstellers), alternativ oder ergänzend gibt es Apfelessig im Trinkwasser. Bieten Sie immer auch ein zweites Gefäß ohne Oregano an, falls einzelne Tiere die Wasseraufnahme mit Oregano verweigern. Oregano und Apfelessig haben eine keimreduzierende Wirkung.

- Meist schlüpfen Küken im Frühjahr oder im Sommer. Dann kann man ihre Gesundheit zusätzlich fördern: Bewährt in der Kükenaufzucht haben sich ergänzende Rezepte mit frischem, klein geschnibbeltem **Löwenzahn-** und **Brennnesselkraut**, **Oregano**, hart gekochtem Ei, geriebenen **Möhren**, vermischt mit eingeweichten Haferflocken und Bierhefe (Dosierung Seite 121).
- Wichtig ist, dass der Aufzuchtbereich der Küken relativ keimarm (aber nicht steril) ist. Säubern Sie vor dem Schlupf den Bereich und tragen gegebenenfalls die oberste Schicht ab, damit gerade bei jahrelanger Hühnerhaltung die Konzentration an Kokzidien wieder reduziert wird. Wenn Sie die Glucke mit den Küken und der Herde tagsüber auf einer frischen Wiese laufen lassen, ist der Infektionsdruck nicht so hoch und die Küken können langsam eine Immunität aufbauen.
- Bei hohem Infektionsdruck (feuchtes, warmes Wetter, „verseuchter" Auslauf, ältere, infizierte Hennen) sehen Sie sich eventuell doch gezwungen, ein Kükenfutter mit Kokzidiostatikum zu verwenden. Achten Sie in diesem Fall genau auf die Herstellerangaben: In der Regel sind die Wirkstoffe für Legehennen nicht zugelassen, weil sie Rückstände in den Eiern bilden.
- Bei **Kunstbrut** muss man gezielt dafür sorgen, dass die Küken Abwehrstoffe gegen Kokzidien bilden können. Geben Sie den Kleinen von Anfang an stets etwas **Erde** des Auslaufs der erwachsenen, gesunden Hühner in ihr Aufzuchtabteil. Der Vorteil ist, dass die Küken so gegen genau die Kokzidienarten immun werden, die in der Herde vorkommen. Beginnen Sie zunächst mit Erde aus weniger frequentierten Bereichen und nehmen Sie zum Schluss Erde aus dem stallnahen Bereich. Bei hohem Erregerdruck kann diese Maßnahme eventuell mit einem Kokzidiostatikum kombiniert werden.

Kunstbrutküken können theoretisch auch gegen Kokzidien geimpft werden. Dies geschieht in der Regel in der ersten Lebenswoche über das Trinkwasser. Diese Überlegung mag insbesondere sinnvoll sein, wenn man noch keine erwachsenen Hühner hat (und somit keine optimale „Impf-Erde") und plant, ältere Hühner dazuzukaufen. Üblich ist eine Impfung gegen Kokzidien eher in Großbetrieben, was sicherlich auch eine Kostenfrage ist. Außerdem muss bei der Impfung einiges bedacht werden:

- Geben Sie geimpften Küken kein Futter mit Kokzidiostatikum, das die Anzahl der Kokzidien ja reduziert, da sonst die Lebendimpfung nicht wirken kann. Auch Oregano, das nachgewiesenermaßen wirksam gegen Kokzidien ist, sollten Sie in der Zeit nicht verabreichen.

- Mindestens die ersten 14 Tage nach der Impfung sollte die Einstreu nicht entfernt und sogar etwas feucht gehalten werden, damit die ausgeschiedenen Impfkokzidien wieder aufgenommen werden können und eine Immunantwort auslösen. Vorsicht: Bakterielle Infektionen durch feuchte, dreckige Einstreu sind nun vermehrt möglich!
- 3 bis 4 Wochen nach der Impfung kann es bei einigen Tieren zu einer leichten Durchfallerkrankung kommen, wenn diese keine gute Immunität aufgebaut haben, weil sie womöglich nicht genügend Impfkokzidien aufgenommen haben, aber in der Herde allmählich der Erregerdruck steigt.
- In den ersten 2 bis 3 Lebenswochen wird das Fundament für eine gute Legehenne mit guter Legeleistung gelegt, Küken müssen nun also an Gewicht zulegen. Beachten Sie, dass die Kokzidienimpfung eine Belastung in den ersten Wochen ist und zu verringerter Gewichtszunahme führen kann, was gegebenenfalls auch gesundheitliche Folgen nach sich ziehen kann, insbesondere bei Hochleistungstieren.
- Besprechen Sie am besten mit Ihrem Tierarzt, was er für Ihre Hühner und Ihre spezielle Situation je nach Haltungsbedingungen empfiehlt (Bio-Futter ohne Medikament, Futter mit Kokzidiostatikum oder Impfung) und entscheiden Sie selbst.

Behandeln

- Bei einer nachgewiesenen Infektion mit Kokzidien bekommen die Tiere ein vom Tierarzt verordnetes **Medikament gegen Kokzidien**. Vielleicht verordnet der Tierarzt zusätzlich ein **Antibiotikum**, das gegen Clostridien oder Coli-Bakterien wirkt, da diese oft infolge der Darmschädigung durch die Kokzidien auftreten. Ein **Vitaminpräparat** (besonders mit Vitamin A und K) unterstützt die Heilung.
- Der Stall muss gereinigt und mit einem passenden, zum Beispiel kresolhaltigen Desinfektionsmittel desinfiziert werden. Der Boden des Auslaufs sollte nach Möglichkeit abgetragen oder zumindest umgegraben und gekalkt werden, weil Kokzidien mit ihrer dicken Hülle sehr lange in der Umwelt überleben können.
- Ansonsten gelten die Maßnahmen, die zum Thema Durchfall beschrieben sind, wobei hier die Gabe von Probiotika wie Brottrunk nochmal besonders hervorzuheben ist (siehe Seite 19f., 21f.).
- Wie generell bei Durchfall kann auch hier Kamillentee beim Heilungsprozess unterstützend wirken.

Richtig füttern

Da die Fütterung Einfluss auf die Kotbeschaffenheit hat, hier nun einige wichtige Punkte zur Fütterung. Hühner müssen aufgrund ihrer hohen Leistung ausgeglichen ernährt werden. Dies mittels Küchenabfälle zu gewährleisten, ist kaum möglich, und eigene, ausgewogene Mischungen herzustellen, ist anspruchsvoll und zeitaufwendig. Daher bietet sich die Gabe kommerzieller Alleinfuttermittel an. Doch soll man nun ein Alleinfutter in Form von Pellets oder Mehl oder ein Körnerfutter in Kombination mit Legemehl verfüttern?

Futtermöglichkeiten im Vergleich

Pellets enthalten alle nötigen Nährstoffe, machen keine Sauerei und die Hühner können nicht selektieren. Sie sind also sehr praktisch. Die Pellets quellen im Kropf auf und machen schnell satt, weil sie eine hohe Energiedichte haben. Grundsätzlich besteht hier die Gefahr, dass die Hühner in kurzer Zeit zu viel Energie aufnehmen.

Alleinfuttermehl dagegen beschäftigt die Hühner über längere Zeit mit dem Fressen, was ihrer natürlichen Lebensweise entspricht und daher vorteilhaft ist. Bei einer guten Hobbyhaltung mit unbegrenztem Freilauf spielt dieser Punkt weniger eine Rolle. Selektieren Hühner beim Mehl oder Schrot, ist es wichtig dafür zu sorgen, dass auch die verschmähten und danebengefallenen Bestandteile aufgenommen werden, damit keine Unterversorgung mit bestimmten Nährstoffen entsteht. Dazu kann man das übrig gebliebene Futter mit Wasser oder Brottrunk anmischen und separat anbieten. Allein durch Änderung der Konsistenz wird es dann meist doch noch aufgenommen. Hühner selektieren weniger, wenn die Futterstruktur des Mehls einheitlicher ist.

Im Handel wird auch sogenanntes **Legemehl** (proteinreiches Ergänzungsfutter zum Getreide) angeboten, das in einem bestimmten Verhältnis, meist 2/3 zu 1/3, mit **Körnerfutter** zu mischen ist. Hierbei muss man darauf achten, stets das **richtige Verhältnis** hinzubekommen, damit das Futter ausgewogen ist. Außerdem müssen auch hier die übrig gelassenen Anteile erneut angeboten werden.

Insbesondere der Energie-, Protein- und Kalziumgehalt sind bei der Futterwahl zu beachten. Der Bedarf der Tiere ist unter Anderem abhängig vom Lebensalter der Tiere.

SCHON GEWUSST?

Der Energiegehalt wird in MJ ME/kg angegeben. Werte von 11,4 oder 11,6 MJ ME/kg sind im Legehennenfutter relativ hoch und für Hybridhennen üblich. Je nach Bedarf gibt es auch Futter mit niedrigeren Werten von 11,0 oder 10,8 MJ ME/kg.

Grobes Mehl (oben), Pellets und Körner im Vergleich.

In der Regel sind die käuflichen Hühnerfutter für Hochleistungshybriden ausgelegt, sodass davon auszugehen ist, dass der Energiegehalt für Rassehühner, die weniger legen, zu hoch sein kann, gerade wenn sie nicht genug Bewegung bekommen. Seien Sie also sparsam mit der Zufütterung energiehaltiger Leckereien wie Körner, Nudeln oder Brot. Wenn Sie das Alleinfutter zur Abwechslung und Beschäftigung aufpeppen möchten, verwenden Sie dazu lieber etwas Gemüse und Kräuter, die auch noch durch ihren Gehalt an Vitaminen und sekundären Pflanzenstoffen punkten.

Einige Futtermittelhersteller bieten speziell Futter für Hobbyhühner sowie eine Ernährungsberatung an. So kann man beispielsweise angeben, ob sich die Hühner einen Teil ihrer Nahrung selbst suchen oder nicht und ob sie viel oder wenig Bewegung haben, und bekommt dann ein Futter empfohlen.

Ein **Nährstoffdefizit** kann sich nicht nur in gesundheitlichen Problemen äußern. Auch Verhaltensweisen wie Kotfressen, Federnfressen und Eierfressen können ein Anzeichen von Mangelerscheinungen sein.

- **Kotfressen** tritt bei Wassermangel auf, um den Wasserhaushalt aufzufüllen, aber auch bei Nährstoffdefiziten, insbesondere bei Salzmangel (Natrium unter 0,1 % im Futter, z. B.. durch Entmischung, ideal sind 0,17 bis 0,18 % Natrium). Wenn der Kot direkt aus der Kloake gefressen wird, kann daraus ein starkes Bepicken der Kloake selbst entstehen, ein sogenannter Kloakenkannibalismus.
- **Federfressen**, woraus sich oft Federpicken entwickelt, kann auf einen Mangel an verschiedenen Aminosäuren (Methionin, Cystein und Lysin) hinweisen. Allerdings wird Federpicken in der Regel durch mehrere Faktoren gleichzeitig verursacht. Stressige Haltungsbedingungen mit fehlenden Beschäftigungsmöglichkeiten spielen dabei aber meistens eine große Rolle, weshalb diese Verhaltensstörung hauptsächlich in der kommerziellen Geflügelhaltung bei Großbetrieben vorkommt.
- **Eierfressen** kann einfach erlernt werden, wenn die Hennen im Nest zufällig auf zerbrochene Eier treffen und so auf den Geschmack kommen. Eierfressen kann aber auch auf einen Mangel an diversen Nährstoffen hindeuten, zum Beispiel auf einen Mangel an Vitamin D, Kalzium oder Phosphor.

Nichts für den Magen

- Keine zuckerhaltigen Backwaren, keine gewürzten oder salzigen Speisen verfüttern!
- Kohlenhydrate wie Nudeln und Brot – wenn überhaupt – höchstens sparsam verfüttern, denn ein erhöhter Kohlenhydratanteil und ein Energieüberangebot können zu Verfettung und einer **Fettleber** führen.
- Niemals verschimmeltes Futter füttern! Schimmelpilze bilden giftige Mykotoxine, die der Leber sehr schaden.
- Das Futter nie feucht, sondern immer trocken lagern, damit es nicht schimmelt.
- Das Futter möglichst nur kurz, kühl und dunkel lagern, weil sich der Vitamingehalt des Futters mit der Zeit verschlechtert und weil ranzig gewordenes Fett der Leber schadet.
- Keine Avocados an Hühner verfüttern! Sie enthalten das für viele Tiere giftige Persin.
- Keine rohen Kartoffeln! Ungekocht enthalten sie das giftige Solanin.
- Verzichten Sie auf säurehaltiges Obst wie Zitrone und Orange.
- Kein Rasenschnitt oder gärende Pflanzenabfälle (siehe Seite 13).
- Styropor nie so verbauen, dass Hühner Zugang dazu haben! Hühner lieben Styropor und fressen es wie Wahnsinnige.
- Lieber kein Zeitungspapier in Reichweite von den Hühnern legen! Einige Hühner haben eine Vorliebe für Zeitung. Diese kann jedoch Rückstände in den Eiern hinterlassen.
- Kein Rattengift ausbringen! Selbst wenn es in vermeintlich „hühnersicheren" Köderboxen deponiert ist, können die Ratten das Gift woandershin – etwa in den Hühnerauslauf – transportieren. Außerdem können Mäuse daran sterben, die dann irgendwo von den Hühnern (oder anderen Tieren wie Eulen) gefunden und aufgenommen werden, wodurch diese Vergiftungserscheinungen bekommen können. Besser: Hühnerfutter rattensicher lagern und verfüttern und den Ratten Versteckmöglichkeiten nehmen!

Futter-Specials

In unterschiedlichen Lebensphasen benötigen Hühner unterschiedliches Futter. Ob Küken, Glucke oder in der Mauser – aufs richtige Futter kommt es an.

Küken

Küken müssen lernen, vielfältig zu fressen. Von Anfang an brauchen sie eine abwechslungsreiche, natürliche Umgebung mit manipulierbarem, bepickbarem Material. Gelangweilte, unterbeschäftigte Küken fangen nämlich vermehrt an, nach Wassertropfen auf trockenem Gefieder oder nach glänzenden Federfollikeln und Federhülsen zu picken. Daraus kann sich langfristig Federpicken und womöglich sogar Kannibalismus entwickeln. In der Hobbyhaltung ist dies in der Regel kein Problem, dennoch soll hier gezeigt werden, dass alle Küken eine angereicherte Umwelt brauchen, was über ein **vielfältiges Nahrungs- und Erkundungsangebot** sichergestellt wird.

Schon Küken müssen lernen und sich daran gewöhnen, **Magensteinchen** und **Raufutter** (Gemüse, Kräuter, Grünfutter) zu fressen, damit sie sich später nicht darauf stürzen und sich daran überfressen. Die Magensteinchen für Küken sollten 1 bis 2 mm groß sein, für ausgewachsene Hühner 3 bis 5 mm. Im Handel findet man entsprechende Magenkiesel je nach Alter/Größe der Tiere. Sand im Auslauf ist für die Verdauung und als Mineral für die Küken gut. Die Magensteinchen können zur Beschäftigung in die Einstreu gegeben werden.

Raufutter ist wichtig für einen optimal funktionierenden Verdauungstrakt und zur Reinigung der Darmzotten. Spült man Hühnerkot durch ein Küchensieb von 1 mm Maschenweite, sollten idealerweise unverdaute Faserbestandteile wie Spelzen zurückbleiben. Fehlt den Tieren Raufaser, fressen sie Federn und man würde im Sieb Federbruchstücke vorfinden.

Junghennen

Für jedes Alter der Hennen gibt es spezielle Alleinfuttermittel (Küken-, Junghennen-, Legehennenfutter). Das Futter für Legehennen beinhaltet höhere Gehalte an Kalzium für die Eischalenbildung als die anderen Phasen.

Wichtig ist, dass Junghennen nicht zu früh hohe Gehalte an Kalzium bekommen. Frisst eine Junghenne zu früh zu viel Kalzium, so hemmt dies die Futteraufnahme, somit das Wachstum und langfristig die Legeleistung. Das mag für Hobbyhalter nicht so entscheidend sein, aber eine zu hohe Kalziumgabe vor der Legereife kann auch zu Durchfall und zu Nierenschäden führen, weil Kalzium auch über die Nieren ausgeschieden wird. Die Menge an aufgenommenem Kalzium wird hormonell gesteuert, insbesondere über den Östrogen- und den Vitamin D-Spiegel. So ist die Kalziumresorption bei legenden Hennen wesentlich höher als bei Hähnen und nicht geschlechtsreifen Hühnern. Bei einem Kalziummangel wird die Kalziumresorption gesteigert. Bei einer Kalziumüberversorgung wird die Vitamin-D-Bildung und damit die Kalziumaufnahme reduziert. Dennoch sollen die Hennen erst ab Legebeginn schrittweise, durch Mischung von Junghennen- und Legefutter, auf ein Futter mit hohem Kalkgehalt wie für Legehennen umgestellt werden.

Nach der zehrenden Brut dürfen Glucken das Kükenfutter mitfressen.

Wenn man gleichzeitig Küken, Junghennen und legereife Hennen hat, sollte man die jüngeren Tiere von den erwachsenen Legehennen zunächst getrennt halten, weil die Alttiere die Küken möglicherweise picken. Aber auch aus Futtergründen sollte man die Jungtiere von den legenden Hühnern **getrennt** halten, um jeder Gruppe die eigene, bedarfsgerechte Fütterung zukommen zu lassen. Küken sollen kein Legefutter fressen, weil der hohe Kalziumgehalt bei ihnen zu Durchfall und Nierenschäden führen kann. Außerdem mögen sie den Geschmack des Kalziums meist nicht und fressen daraufhin zu wenig, was Probleme nach sich ziehen und das Wachstum hemmen kann. Legehennen wiederum fehlt im Kükenfutter genügend Kalzium. Sie sollten auch kein Kükenfutter fressen, weil sie sonst verfetten und Leberprobleme bekommen könnten. Halten Sie die Glucke mit den Küken in Sichtkontakt direkt neben den anderen Erwachsenen, damit sie sich schon mal kennenlernen. Vorschlag: Lassen Sie beide Gruppen – je nach Verträglichkeit, Alter und Situation – später täglich ein paar Stunden zusammen in den weiten Freilauf, sodass sie sich schon mal aneinander gewöhnen, und halten in dieser Zeit die Zugänge zum Futter nur für die jeweils passende Gruppe zugänglich (z. B. Kükenfutter unter einem niedrigen Korb) oder für alle geschlossen. Vormittags und nachmittags wird dann in den getrennten Abteilen die altersentsprechende Fütterung verabreicht, mittags im Freilauf kann Futter selbstständig auf der Wiese gesucht und beispielsweise eine Kräutermischung (siehe Seite 51) verfüttert werden.

TIPP

Junghennen sollen nicht nur **Magensteinchen** bekommen, sondern auch genug **Raufutter**. Auf diese Weise bildet sich das Volumen des Muskelmagens optimal aus, sodass die Tiere später genug Futter aufnehmen können, um ihren Bedarf decken zu können.

Mauser

Die Mauser findet einmal jährlich im Spätsommer/Herbst statt, im ersten Lebensjahr mausern die erwachsenen Hühner jedoch noch nicht. Bei einer Vollmauser wird das gesamte Federkleid erneuert, bei unvollständigem Federwechsel dagegen nur teilweise. Normalerweise erfolgt eine Vollmauser, wenn sich die natürliche Tageslichtlänge in der dunkleren Jahreszeit reduziert. Verlängert man in der dunklen Jahreszeit künstlich die Tageslänge durch zusätzliche Beleuchtung, mausern die Hühner wahrscheinlich nicht oder nicht komplett. Das führt auch dazu, dass sich der Legeapparat in dieser Zeit nicht, wie bei der Vollmauser, komplett regeneriert und die Hühner weiterhin einige Eier legen. Der Vorteil einer Vollmauser besteht jedoch darin, dass sich der Legeapparat, die Leber und die Knochen erholen können und dass das gesamte Gefieder sich erneuert. Durch die Legepause kann es sein, dass – falls vorhanden – entzündliche Prozesse im Legetrakt nach der Mauser verschwinden.

In der Hobbyhaltung ist es üblich und praktikabel, während der Mauser weiterhin das übliche Legehennenfutter zu füttern, zumal hier meist nicht alle Tiere gleichzeitig mausern und die nicht mausernden Hennen weiterhin Eier legen. In der Mauser- oder Winterzeit könnte aber auch je nach Situation ein „Mauserfutter" gefüttert werden, da die mausernden Hühner nun nicht legen und auch nicht legen sollen. Legehennenfutter enthält für nicht legende Tiere von vornherein zu viel Kalzium, was die Futteraufnahme hemmt und dadurch in der Mauserzeit zu

Links eine noch legende, rechts eine mausernde Henne mit viel blasserem Kamm.

einer Unterversorgung mit wichtigen Nährstoffen führen könnte. Eine Möglichkeit besteht darin, im Herbst oder Winter, wenn die Tiere mausern bzw. nicht legen, ein **Junghennenfutter**, das ja weniger Kalzium enthält als Legefutter, zu füttern, kombiniert mit **Bierhefe und ab und zu Keimgetreide**, um die für die Federbildung wichtigen Aminosäuren und Vitamine zu liefern. Muschelkalk sollte separat und permanent zur freien Verfügung angeboten werden, somit können die Tiere individuell ihre Speicher auffüllen, bis der Bedarf gedeckt ist.

In der Mauser verlieren Hühner 20 bis 30 % ihres Körpergewichtes und sind nun besonders **krankheitsanfällig**. Weitere Stressfaktoren wie Integration neuer Hühner oder einen Stallumbau während dieser Zeit sollten vermieden werden, denn Stress schwächt das Immunsystem. Besonders jetzt sind eine gute Versorgung mit Nährstoffen und eine Stärkung des Immunsystems sehr wichtig:

> Apfelessig im Trinkwasser, um Erregerübertragungen zu reduzieren und um das Immunsystem zu unterstützen, steht nun auf dem Plan.
> Das Immunsystem kann man zwischendurch auch mit der Verfütterung von Zwiebeln, Knoblauch, Brennnessel, Oregano, verschiedenen Kräutern und Möhren mit einem Schuss Öl unterstützen.
> Eine ausreichende Versorgung mit Proteinen ist nun wichtig, da Federn zu über 90 % aus Proteinen bestehen: Viele Hühner freuen sich besonders über Mehlwürmer-Snacks.

Glucke

Man sollte davon absehen, einer Glucke – wenn auch in guter Absicht – frisches Obst und Gemüse anzubieten, da diese Nahrungsmittel viel Feuchtigkeit enthalten und zu flüssigem Kot führen können. Die Glucke muss schließlich stundenlang auf den Eiern sitzen bleiben können, ohne „aufs Klo zu müssen“. Es soll nicht dazu kommen, dass sie ihr Nest und die Eier mit

Artgerechte Aufzucht mit Glucke und Auslauf im Grünen.

dünnflüssigem Kot und Bakterien verschmutzt, weil diese ins Eiinnere dringen können. Bieten Sie ihr aber einige gekeimte Weizenkörner an, diese sind vitaminreich und gesundheitsförderlich.

Da die Henne nur einmal täglich das Nest verlässt, muss sie bei dieser einen Mahlzeit möglichst viel Energie aufnehmen. Bieten Sie ihr Körnerfutter mit einem hohen Anteil an geschälten, gehaltvollen Sonnenblumenkernen an und stellen Sie einen Napf mit Kieselsteinchen daneben. Falls sie noch ihren Knochenhaushalt aufbessern muss, ist ein separates Kalkangebot während der Brutphase ebenso hilfreich. Wasser muss sie selbstredend zur freien Verfügung haben.

Das Pendant zum Futter: Wasser

Die Wasserqualität für Hühner ist besonders wichtig, zumal Hühner im Verhältnis deutlich mehr trinken als fressen. Grob rechnet man mit etwa 200 bis 250 ml Wasser pro Huhn und Tag – bei hohen Umgebungstemperaturen wesentlich mehr. Das Wasser muss von **Trinkwasserqualität**, sauber und frei von schädlichen Stoffen sein. Eine Nippeltränke, an deren Funktion sich Hühner aber erst gewöhnen müssen, ist relativ hygienisch, artgerechter dagegen ist eine offene Tränke. Wassernäpfe stellt oder hängt man hoch, damit sie nicht so schnell verschmutzen und nicht mit Keimen belastet werden. Darunter legt man am besten ein Gitter. So kommen die Hühner nicht an das verschüttete, verschmutzte Wasser. An den Flächen der Wassergefäße bildet sich schnell ein schleimiger, ungesunder Biofilm aus Mikroorganismen wie Bakterien, Algen und Pilzen. Besonders Algen siedeln sich unter dem Einfluss von Sonne und Wärme hier an. Das ist ein Grund dafür, die Tränkgefäße in den Schatten zu stellen und täglich gründlich zu schrubben und zu spülen. Grundsätzlich lässt sich der Keimgehalt im Wasser durch den Zusatz von Säuren wie Apfelessig etwas reduzieren, aber auch hier muss auf die Biofilmbildung geachtet werden, weil Nährstoffe im Apfelessig enthalten sind.

Wasser sollte erhöht stehen. Das Gitter verhindert, dass verschüttetes Wasser aufgenommen werden kann.

Durch verschiedene Zusätze lassen sich Vitamine, Wirkstoffe und Impfstoffe über das Wasser verabreichen. Beachten Sie, dass hierdurch jedoch die Bildung eines Biofilms gefördert wird.

Wird das Wasser zu warm (über 25 bis 30 °C), trinken die Hühner es nicht mehr gerne. Flüssigkeitsmangel kann zu gesundheitlichen Problemen wie Nierenschäden und eingedicktem Kropfinhalt führen. Achten Sie also darauf, dass Ihre Hühner stets frisches, kühles, sauberes Wasser zur Verfügung haben.

Futter- und Wasseraufnahme stehen in Zusammenhang. Bei geringer Wasseraufnahme ist auch die Futteraufnahme gering.

Niesen, Schnupfen, rasselnder Atem

Es gibt viele verschiedene Erreger (Viren, Bakterien, Pilze, Würmer), die Probleme im Atemtrakt verursachen. In diesem Kapitel soll – bis auf den Luftföhrenwurm – nicht einzeln auf die spezifischen Erreger eingegangen werden, weil man als Hobbyhalter keinen Erregernachweis stellen kann. Haben Sie das Gefühl, es liegt eine starke Symptomatik vor, suchen Sie bitte den Tierarzt auf, der dann eine genaue Diagnose stellen kann. Im Folgenden geht es allgemein um eine „harmlose, unspezifische Erkältung", die häufiger mal vorkommt, und um den Luftröhrenwurm, der ähnliche Symptome machen kann, aber anders als eine „Erkältung" behandelt wird.

Erkältung

Allgemein

„Harmlose" Erkältungen kommen häufiger mal bei Hühnern vor. Bei schwerer Symptomatik der Atemwege müssen Sie jedoch auf jeden Fall einen Tierarzt aufsuchen, weil spezifische Infektionserreger vorliegen können, die hoch ansteckend und bedrohlich sein können.

Erkennen

Eine Erkältung des Huhns äußert sich durch

- Niesen,
- Kopfschütteln,
- Schwellung der Unteraugenhöhlen (Beule im Gesicht unter dem Auge),

- Entzündung der Lidbindehäute,
- Augenausfluss,
- Schnupfen,
- Atmen mit geöffnetem Schnabel,
- Schwanzwippen oder Rasseln beim Atmen,
- selten: Husten.

Eine Schwellung, wie hier rund ums Auge, kann auf eine Infektion im Bereich der Atemwege deuten.

Ursachen

Eine „Erkältung" beim Huhn kann durch eine Vielzahl an Erregern ausgelöst werden. Eine Reihe von Faktoren begünstigen zudem eine Erkältung:

- Feucht-kaltes Wetter.
- Plötzlicher Wetterumschwung.
- Große Differenzen zwischen Stall- und Außentemperatur.
- Zugiges Stallklima.
- Zukauf von Tieren.
- Hohe Staub- und Ammoniakkonzentrationen der Stallluft, wodurch sich die natürliche Mikroflora des Atemtraktes ändert.

Vorbeugen

- Stärken Sie die Abwehrkräfte Ihrer Hühner! Gerade in Zeiten von Regen und Wind oder bei Wetterumschwüngen ist das besonders wichtig. Bei miesem Herbstwetter können Sie zum Beispiel zusätzlich ein wenig Zwiebeln, Knoblauch, Lauch und Oregano füttern. Gekeimte Weizenkörner und Bierhefe tun nun auch besonders gut.

SCHON GEWUSST?

Beim Halten eines Huhnes darf man seinen Brustkorb in seiner Bewegung nicht einschränken, weil das Tier sonst keine Luft mehr bekommt. Hühner haben u. a. Luftsäcke und kein Zwerchfell, das wie bei uns die Brusthöhle schützt. Ihre Atmung funktioniert anders als bei uns Menschen. Hühner haben zudem einen großen Magen-Darm-Trakt und Legeapparat, die zusammen viel Platz im Bauchraum einnehmen. Daher ist auch Vorsicht geboten, wenn man das Huhn auf den Rücken legt, da dabei das Gewicht der Organe die Entfaltung der Atemorgane behindern kann. Man sollte Hühner auch nicht mit dem Kopf nach unten tragen, weil dabei die Luftsäcke komprimiert werden und zu viel Druck auf Atemorgane und den Kreislauf ausgeübt wird. Panik unter den Tieren ist unbedingt zu vermeiden, da sich die Hühner dann in eine Ecke drängen (pulken) und dabei durch Einengung des Brustkorbes ersticken können.

- Entscheidend ist zudem ein günstiges Stallklima. Eine gute Lüftung ist wichtig, damit Schadgase wie Ammoniak aus dem Stall entweichen und bei kühleren Temperaturen keine Feuchtigkeit aus der Luft auf den Hühnern zu Wassertropfen kondensiert. Allerdings darf es im Stall nicht ziehen; die Luftbewegung zum Luftaustausch sollte also nicht zu stark sein und auch nicht auf Hühnerhöhe, sondern über ihnen erfolgen. Heizen Sie den Stall Ihrer Freilaufhühner nicht auf, bei extremer Kälte höchstens minimal.
- Der Stall darf nicht zu staubig sein, um die Atemwege nicht zu reizen. Eine regelmäßige Reinigung beugt dem vor. Indem Sie täglich den Kot vom Kotbrett entfernen, verhindern Sie, dass sich reizende Schadgase wie Ammoniak anreichern.
- Zugekaufte Tiere können Erreger in Ihre Herde einschleppen. Falls Sie Tiere zukaufen, sollten sie sie zuvor in Quarantäne schicken. Beachten Sie bei der Rassewahl, wie wetter- und windfest das Gefieder ist. So gibt es beispielsweise Rassen wie Seidenhühner mit nicht besonders wasserfestem Gefieder.

Behandeln

- Da ein erkranktes Huhn die anderen Hühner wahrscheinlich schon angesteckt hat, geben Sie am besten gleich der gesamten Herde vorbeugend Apfelessig in die Tränke. Dies wirkt im Wasser keimreduzierend und stimuliert das Immunsystem. Füttern Sie zudem Zwiebeln, Knoblauch, Oregano, Thymian, Spitzwegerich, Kamille, Salbei, Lindenblüten, etwas Fenchel, Ingwer und Möhren mit einem Schuss Öl auf gekochten Reis oder Haferflocken. Wenn Sie nicht alles zu Hause haben, konzentrieren Sie sich auf Zwiebeln (immer in Maßen), Knoblauch und Oregano. Gekeimte Weizenkörner und Bierhefe wirken auch hier unterstützend.
- Wenn es dem erkälteten Huhn sehr schlecht geht, sollte es zur Erholung isoliert werden – im Winter an einem wärmeren Ort (nach Abklingen der Symptome bitte wieder an Außentemperaturen akklimatisieren, siehe Seite 90). Wenn Sie eine Wärmelampe verwenden, sollte das Huhn aber die Möglichkeit haben, der Wärmelampe auszuweichen. In dem abgetrennten Ruhebereich kann man das Tier ungestört behandeln und die anderen Tiere sind vor Ansteckung geschützt. Allerdings kann diese Isolierung – je nach Huhn – auch zu Stress und damit zur Schwächung seiner Abwehrkräfte führen. Wenn es sich ergibt, dass zwei Hühner gleichzeitig krank sind, hat das den Vorteil, dass Sie beide zusammen absondern können.
- Geben Sie einem erkälteten Huhn Vitamin C und A übers Trinkwasser.
- Ist das Huhn sehr verschnieft, kann man in seiner Box oder im Stall ätherische Öle verdampfen lassen (z. B. Eukalyptus), ein Kamillendampfbad inhalieren lassen und Kamillentee anbieten. Für ein Kamillendampfbad setzt man das Huhn in einen abgedeckten Käfig, und zwar so, dass es keinen direkten Zugang zum heißen Dampfbad hat.
- Päppeln Sie das erkrankte Huhn, animieren es zum Fressen durch Leckereien wie Sonnenblumenkerne, Mehlwürmer, gekochten Reis oder etwas Obst, damit es bei Kräften bleibt und nicht noch zusätzlich Probleme im Verdauungstrakt bekommt.

- Meist kommt es nach 7 bis 10 Tagen zur Selbstheilung. Wenn sich jedoch der Gesundheitszustand Ihres Huhnes nach ein paar Tagen nicht verbessert oder gar weiter verschlechtert, sollten Sie den Tierarzt aufsuchen. Gleiches gilt, wenn viele Tiere betroffen sind.
- Erreger des Atemtraktes besiedeln oftmals auch den Legetrakt. Beugen Sie auch aus diesem Grund Atemwegsproblemen möglichst vor und behandeln Sie sie rechtzeitig.

Tipp

Zur Integration genesener Tiere nach Quarantäne siehe Seite 104 unter Zukauf.

Luftröhrenwürmer

Allgemein

Luftröhrenwürmer leben parasitisch in der Luftröhre und saugen dort Blut. Diese Erkrankung kommt bei Hühnern eher selten vor, hauptsächlich tritt sie bei Wildvögeln auf. Die Ansteckung erfolgt über die Aufnahme von Zwischenwirten oder direkt über Wurmeier. Die Larven wandern über das Blut durch die Lunge in die Luftröhre. Luftröhrenwürmer können die Luftröhre verstopfen und sind somit nicht ungefährlich.

Erkennen

Befallene Hühner gähnen, schleudern mit dem Kopf, atmen röchelnd, pfeifend, mit gestrecktem Hals und geöffnetem Schnabel. Eventuell sieht man bei hochgradigem Befall bei geöffnetem Schnabel in der Schnabelhöhle rote, Y-förmige Würmer (das Männchen ist an das Weibchen gehaftet) oder ausgehusteten, rötlichen Schleim. Bei Blutarmut ist der Kamm blass. Regelmäßige Kotproben sind hilfreich, um einen Befall zu erkennen.

Ursachen

Die Übertragung erfolgt insbesondere durch Regenwürmer und Wildvögel. Im Sommer ist eine Erkrankung wahrscheinlicher als im Winter.

Vorbeugen

Insbesondere das Trockenhalten der Ausläufe spielt eine wichtige Rolle. Ansonsten sind vor allem die auch für die Vorbeugung von Durchfall geltenden Hygienemaßnahmen zu beachten (siehe Seite 19f.).

Behandeln

Bei Nachweis von Luftröhrenwürmern durch den Tierarzt ist eine Wurmkur notwendig. Vitamingaben unterstützen die Regeneration der Schleimhaut.

Alles rund ums Eierlegen

Legehennen beginnen je nach Rasse und Außenbedingungen etwa im Alter von 20 Wochen mit dem Eierlegen. Dies ist unabhängig davon, ob ein Hahn anwesend ist oder nicht. Beim Eisprung wird eine vollständig entwickelte Dotterkugel vom Legedarm aufgefangen. Hier werden in verschiedenen Abschnitten das Eiklar, die Schalenhaut und die Eierschale gebildet. Der Prozess der Eibildung dauert etwa 24 Stunden, sodass Hühner maximal ein Ei am Tag legen können. Der Legedarm mündet wie auch der Darm und die harnableitenden Wege in der Kloake. Bei der Eiablage stülpt sich der Legedarm aus, sodass der Darm währenddessen verschlossen ist. In der ersten Legeperiode legen Hennen am meisten. Je älter sie werden, desto geringer wird die jährliche Legeleistung.

Legenot

Allgemein

Bei einer Legenot schafft es die Henne nicht, ihr Ei abzulegen. Letztlich kann sie an den Folgen sterben.

Erkennen

Eine Legenot erkennt man daran, dass die Henne länger als sonst im Nest verbleibt, vermehrt presst, aber dennoch kein Ei legt. Oft nimmt sie eine „Pinguinhaltung“ ein: Sie steht senkrecht und lehnt sich möglicherweise an. Oder sie lässt die Flügel

Dieses Huhn kauert, weil es Eibestandteile nicht herausbekommt.

hängen, hat die Augen geschlossen und Schwierigkeiten beim Laufen, weil sie Schmerzen hat. Manchmal sieht man das Ei aus der Kloake ragen oder man kann es durch vorsichtiges Abtasten der Bauchdecke fühlen. Aber Vorsicht: Das Ei darf nicht zerstört werden, weil sonst die Schleimhaut verletzt wird! Ist das Ei nicht sichtbar, kann der Tierarzt über ein Röntgenbild Klarheit bringen. Wenn die Henne ihr Ei nicht ablegen kann, stauen sich alle weiteren Eier, wodurch sich ihr Bauchumfang vergrößert.

Ursachen

Gründe für eine Legenot gibt es viele:

- Das Ei kann zu groß sein wie bei doppeldottrigen Eiern, bei zu frühem Legebeginn von Junghennen oder auch bei älteren Legehennen, die generell größere Eier legen.
- Das Ei ist deformiert, rau oder zerstört.
- Es liegt ein Windei vor (siehe Seite 52f.).
- Der Eileiter ist entzündet oder tumorös.
- Die Henne ist verfettet.
- Die Muskelkontraktion der Eileiter- und Kloakenmuskulatur ist durch Kälte oder Kalziummangel beeinträchtigt.

Vorbeugen

- Achten Sie, insbesondere bei den größeren Zweinutzungs- und Fleischrassen darauf, dass die Hennen **nicht verfetten**.
- Der Mineralstoffhaushalt Ihrer Hühner sollte altersentsprechend ausgeglichen sein. Verwendet man ein Alleinfuttermittel für Legehennen und bietet seinen Freilaufhühnern **Muschelgrit** an, sind die Hühner in der Regel gut versorgt. Bei heißem Wetter (siehe Seiten 91, 92, 95), wenn die Tiere nicht genug fressen, sollte der Muschelgrit stets in der Nähe sein. Zusätzliche **Vitamin-D-Gabe** kann gegebenenfalls die Kalziumverwertung verbessern, sollte bei Verfütterung eines Alleinfuttermittels in der Regel aber nicht nötig sein.
- Auch ein sauberes Nest ist wichtig: Entfernen Sie Kot, Federn und die durch geplatzte Eier verschmutzte Einstreu und halten Sie auch die Eingänge zum Nest sauber, damit kein Dreck hineingetragen wird. Wenn sich bei der Eiablage der Legedarm ausstülpt, könnte er sonst mit Keimen kontaminiert werden und sich in der Folge entzünden. Durch eine Entzündung des Legedarms kann es zu Problemen mit der Eiablage kommen, schlimmstenfalls kann sogar eine schwerwiegende Bauchfellentzündung entstehen.

- Halten Sie auch stets **genügend Nester** für die Herde bereit, damit sich kein Huhn irgendwo in den Dreck hockt, weil alle Nester belegt sind. Hühner mögen meist abgedunkelte Nester, zum Beispiel mit einem Vorhang. Aber sie haben auch ganz individuelle Vorlieben. Bieten Sie deshalb verschiedene Nester an: ebenerdige, erhöhte, Einzel- sowie Gemeinschaftsnester – alles in ausreichender Zahl, damit es nicht zu einem „Stau" wie vor einem besetzten Damenklo kommt! Legt man Kunsteier ins Nest, wird das Nest besser angenommen.
- Gehen Sie sehr behutsam vor, wenn Sie eine Henne **tragen** oder am Bauch zwischen den Legebeinen abtasten. Zerstört man dabei versehentlich ein Ei im Bauch, kann es zu Problemen im Legedarm kommen.
- Eine **gute, wurmfreie Darmgesundheit** sorgt dafür, dass die Hühner sämtliche Nährstoffe problemlos aufnehmen können und beugt generell Mangelerscheinungen vor.
- Halten Sie die Leber Ihrer Hennen gesund (siehe Seite 48f.).
- Wählen Sie bei der Anschaffung von Hühnern lieber Rassen, die eine nicht zu hohe Legeleistung haben. Durch die starke Beanspruchung sind Hochleistungshennen prädisponiert für Probleme mit dem Legeapparat. Dazu zählen nicht nur die Hybridhühner. Auch andere Rassen, die sehr gut legen, die schnell zu dick werden oder die verhältnismäßig große Eier legen wie die Zwerg-Welsumer, können mit der Zeit besonders betroffen sein.

Behandeln

Ist ein Huhn von Legenot betroffen, **sollten Sie einen Tierarzt aufsuchen**, da die Folgen schwerwiegend bis gar tödlich sein können. Der Arzt kann die Ursache herausfinden und diese gezielt medikamentös oder operativ behandeln sowie die Schmerzen reduzieren.

Wenn ein Tierarztbesuch gar nicht möglich ist (zum Beispiel am Wochenende), gibt es verschiedene Ansätze, wie Sie versuchen können, Ihrem Huhn selbst zu helfen:

- Bringen Sie das Huhn bei Kälte ins Warme.
- Geben Sie dem Huhn eine Kalziumlösung (beispielsweise eine Trinkampulle aus der Apotheke) plus etwas Vitamin D übers Wasser oder Futter, sodass sich der Legedarm besser kontrahieren kann. Eventuell kombinieren Sie die Mischung mit Traubenzucker, wenn das Tier bei Nahrungsverweigerung sehr schwach ist.
- Versuchen Sie, die Schmerzen zu lindern (siehe Seiten 45, 84).
- Befeuchten Sie die Kloake mit Öl, Vaseline oder Gleitgel oder spritzen Sie mit einer nadellosen Spritze vorsichtig etwas warmes Seifenwasser in die Kloake, besonders wenn das Ei an der Schleimhaut festklebt.
- Wickeln Sie ein feuchtes, warmes Handtuch um den Po des Huhns. Wärme kann die Muskulatur entspannen, sodass das Ei hoffentlich herauskommt. Gut ist auch Kamillendampf oder Bestrahlung mit einer Infrarotlampe.
- Baden Sie den Po der Henne etwa 15 Minuten in warmem Wasser, wenn möglich, in Epsomsalzwasser. Wiederholen Sie dies eventuell nach einer Pause. Ein aufgewärmter, gut durchbluteter Muskel kann besser arbeiten.

- Wenn das nicht hilft, machen Sie abwechselnd Warm-kalt-Bäder, sodass die An- und Entspannung der Muskulatur das Ei bewegt.
- Wenn auch das nicht erfolgreich ist und nur im absoluten Notfall, wenn keine tierärztliche Hilfe möglich ist, streichen bzw. massieren Sie das Ei am Bauch sehr vorsichtig Richtung Ausgang, um es nach außen zu bewegen, während eine zweite Person mit zwei angefeuchteten Wattestäbchen versucht, die Kloake etwas zu spreizen oder mit den Händen die Kloake von außen etwas zu weiten. Vorsicht: Das Ei kann dabei zerbrechen und die Schleimhaut verletzen!
- Im absoluten Notfall, wenn schließlich nichts von alledem geklappt hat und kein Tierarzt erreichbar ist, saugen Sie mit einer nadellosen Spritze den Inhalt des sichtbaren Eis leer und zerdrücken danach ganz, ganz vorsichtig die Eischale mit einem Finger in der Kloake bzw. im Legedarm (Einmalhandschuhe!). Feuchten Sie die Schleimhaut an und entfernen Sie dann die Schale oder die Stücke, eventuell mit einer stumpfen Pinzette. Spülen Sie mit warmem Seifen- oder Salzwasser die Reste heraus. Desinfizieren und spülen Sie anschließend mit einer jodhaltigen Lösung, weil es bei diesem Vorgehen zu Verletzungen und Entzündungen der Schleimhaut kommen kann. Infektionen, die sich im Körper ausbreiten können, müssen unbedingt vermieden werden. Wenn der Tierarzt wieder erreichbar ist, lassen Sie sich für die Nachsorge von ihm beraten.
- Behandeln Sie vorsichtshalber Infektionen, die durch kleinste Schleimhautverletzungen entstanden sein könnten. Stärken Sie dazu auch das Immunsystem durch Vitamin A und C-Gaben sowie Kräuter und geben eventuell ein vom Tierarzt verordnetes Antibiotikum.
- Auch das Leberrezept (siehe Seite 51) kann nun empfehlenswert sein.
- Geben Sie dem betroffenen Huhn nach Behebung der Legenot die nächsten Tage zusätzlich eine Kalziumlösung, damit sich die Problematik nicht wiederholt. Besprechen Sie mit Ihrem Tierarzt, wie viel und wie lange Sie nun Kalzium geben sollen. Damit das Kalzium besser aufgenommen werden kann, kombinieren Sie es mit Vitamin D nach Herstellervorgaben.
- Damit sich der Legetrakt erholt und zunächst geschont wird, ist es sinnvoll, für eine Legepause bei dem erkrankten Huhn zu sorgen. Ihr Tierarzt kann ein Medikament verabreichen (zum Beispiel ein Implantat mit Deslorelin) oder Sie bringen Ihr Huhn in die Mauser, indem es nur 8 Stunden Licht am Tag hat.
- Arbeiten Sie in dem speziellen Fall an der Ursache. Falls Verfettung der Grund ist, stellen Sie die Ernährung um und sorgen Sie für mehr Bewegung.
- Infektionen des Legetraktes müssen auf jeden Fall behandelt werden. Ziehen Sie grundsätzlich so bald wie möglich Ihren Tierarzt zu Rate.

Tipp

Eine schmerzlindernde, entzündungshemmende Wirkung haben Kräutermischungen oder Tees aus Weidenrinde, Mädesüß, Thymian, Lavendel, Teufelskralle und Gänsefingerkraut (siehe Seiten 84 und 116).

Gut gerüstet fürs Eierlegen

Eischalen bestehen hauptsächlich aus Kalziumkarbonat, weshalb der Kalziumhaushalt der Legehennen eine wichtige Rolle spielt. Neben Kalzium sind Phosphor und Vitamin D3 für die Bildung der Eischalen nötig.

- **Kalzium** wird über das Futter im Verdauungstrakt mithilfe des kalziumbindenden Proteins aufgenommen, ein Teil des Kalziums wird in den Nieren wieder zurückgewonnen. Die Kalziumausscheidung geschieht über den Darm und über die Nieren. Es gibt Nahrungsbestandteile wie Oxalat und Phytat, die die Kalziumaufnahme hemmen können.
- **Vitamin D** steigert die Kalziumaufnahme. Daher kann ein Vitamin-D-Mangel, ebenso wie ein Kalziummangel, zu dünnschaligen und später schalenlosen Eiern führen und bei der Legehenne im Verlauf zu Brüchigkeit der Knochen. Außerdem kann ein Kalziummangel zur Verfettung der Hennen führen, weil die Tiere mehr vom Futter fressen müssen, um genügend Kalzium aufzunehmen. Eine Verfettung wiederum wirkt sich ungünstig auf die Leber und den Legeapparat aus, so wie dies auch dünne Eischalen tun.
- Weil die Verweildauer des Futters im Verdauungstrakt kurz (3 bis 4 Stunden) ist, wird ein Teil des Kalziumbedarfs meist auch den Knochen entzogen. Dieser Anteil sollte aber so gering wie möglich sein. Wenn während der Schalenbildung kein Kalk im Verdauungstrakt vorhanden ist, werden die Reserven des Knochens besonders stark angegriffen. Osteoporose kann entstehen. Weil Knochen hauptsächlich aus Kalziumphosphat bestehen, wird dadurch auch vermehrt Phosphor mit dem Kot ausgeschieden. Je nach Haltung und Hygiene nehmen die Tiere beim Picken einen Teil des verloren gegangenen Phosphors wieder auf, und auch im Futter ist Phosphor enthalten.

Tipp

Möchte man neben Muschelkalk zusätzlich Phosphor anbieten, zum Beispiel in Form von Dicalciumphosphat, so sollte man hierfür zwei **separate Gefäße** füllen, damit die Hennen ihren jeweiligen Bedarf individuell bedienen können. Eine gute Phosphorquelle ist außerdem **gekeimtes Getreide**.

In **Legepausen** wie der Mauser werden Mineralstoffe **„reparaturmäßig"** schnell wieder in die Knochen eingelagert. Drei bis fünf Tage nach Ende der Legetätigkeit fällt die Konzentration des kalziumbindenden Proteins im Darm bereits, weil der Kalziumbedarf nach Beendigung der Mineralisierungsvorgänge für den Knochenaufbau sinkt.

Damit Vitamin D wirkt, bedarf es einiger Zwischenschritte über Haut, Darm, Leber und Niere. Die Vitamin-D-Bildung in der Haut unter Einwirkung von Sonnenlicht ist beim Geflügel gering. Eine Vorstufe des Vitamin D wird in der Bürzeldrüse gebildet und beim Putzen des Gefieders der UV-Strahlung ausgesetzt und aufgenommen. Die Vitamin-D-Aufnahme geschieht über den Darm, gemeinsam mit Fetten. Über die Blutbahn wird das Vitamin D zur Leber und zu Fettdepots transportiert. In der Leber vollzieht sich die Umwandlung zu einer wirksameren Form. Diese wird von dort weiter zur Niere transportiert und dort ins Schlüsselhormon, in die wirksame Vitamin-D-Form umgewandelt. Diese gelangt dann in die Darmschleimhaut, wo nun die Transportproteine für die Kalziumaufnahme gebildet werden.

Alleinfutter enthält normalerweise ausreichende Mengen an Vitamin D, der Gehalt kann aber durch ungünstige Transport- und Lagerbedingungen verringert sein. Lebertran ist bei Bedarf eine mögliche zusätzliche Vitamin D-Quelle, gerade zu Stallzeiten ohne Sonnenlicht.

Gut legende und ältere Hennen (bei Hybridhennen ab der 40. Woche) sollten tendenziell höhere Kalzium- und Vitamin-D-Gaben bekommen, entsprechend den Dosierungsvorgaben. Eine Überversorgung mit Vitamin D führt durch eine gesteigerte Kalzium-Aufnahme im Darm sowie einen erhöhten Kalzium-Abbau im Knochen zu einer Erhöhung des Kalziumspiegels im Blut. Außerdem wird durch eine Überversorgung mit Vitamin D vermehrt Phosphor in den Nieren rückresorbiert, sodass Kalziumphosphat im Gewebe, in Organen und Blutgefäßen abgelagert wird. Eine Überversorgung mit Vitamin D kann sich durch Kalkstippel auf der Eischale bemerkbar machen, die – wenn man sie abkratzt – ein kleines Loch in der Schale hinterlassen.

Auch Stress hat einen Einfluss auf die Kalziumversorgung: Bei Stress wird vermehrt das Stresshormon Cortisol ausgeschüttet, das die Menge des kalziumbindenden Proteins mindert und somit die Kalziumaufnahme im Darm verringert.

Aufgrund der dargestellten Zusammenhänge können Probleme mit der Eierschale also auch durch eine Ursache außerhalb des Legeapparates entstehen, nämlich durch

- **Leberschäden** mit der Folge eines Vitamin D-Mangels,
- **Darmschäden** mit einer gestörten Kalziumaufnahme,
- **Nierenschäden** mit einem gestörten Kalziumhaushalt sowie Vitamin D-Mangel,
- **Stress**.

SCHON GEWUSST?

Die empfohlene Kalziummenge beträgt insgesamt etwa 4 bis 5 g pro Tier und Tag. Jedes Ei verbraucht etwa 2,5 g Kalzium, die Henne muss aber die doppelte Menge an Kalzium fressen, weil sie nur 60 % des Kalziums aus der Ration aufnehmen kann. Im Legehennenfutter sind meist um die 4 % (ca. 3,2 – 4,6 %) Kalzium enthalten. Freilaufhühner und Hühner, die nicht ausschließlich Alleinfutter fressen, sollten Zugang zu Muschelkalk haben.

Fettleber

Allgemein

Hennen mit hoher Legeleistung sind für ein Fettlebersyndrom besonders anfällig. Eine Leber, die zu viel Fett eingelagert hat, kann brüchig werden und plötzlich reißen, wodurch das betroffene Tier akut verblutet. Außerdem wirkt sich die gestörte Leberfunktion negativ auf die Eischalen und somit auf den Legeapparat aus, was wiederum ernste Folgen nach sich ziehen kann.

In der Leber erfolgt die Bildung von Dotterproteinen und von Fetten. Daher enthält die Leber von Legehennen in der Legephase normalerweise doppelt so viele Fette wie die von nicht geschlechtsreifen Tieren. Ein höherer Östrogengehalt, wie bei hoher Legeleistung vorhanden, geht mit vermehrtem Fettgehalt der Leber einher, weil Östrogen die Fettbildung für die Dotterproduktion stimuliert und die Leber dann mehr Fett für die Dotterbildung speichert. Legehennen neigen generell zum Fettwerden, da überschüssige Fette schließlich in Fettdepots deponiert werden. Östrogene wirken appetitsteigernd – legende Hennen fressen mehr als nicht legende. Außerdem sorgen sie für eine verbesserte Kalorienausnutzung und Nährstoffaufnahme, sodass die für die Eibildung nötigen Bestandteile verfügbar werden. Dadurch führt Östrogen auch zur Erhöhung des Kalzium-Gehaltes des Blutes und zu einem Anstieg der Blutfette. Bei andauernder Überlastung der Leber durch Verstoffwechselung von Nährstoffen kann es letztlich zu einem Vitamin-D-Mangel und somit zu Eischalenproblemen kommen.

Grundsätzlich gilt, dass eine Henne nur mit einer gesunden Leber alt werden kann.

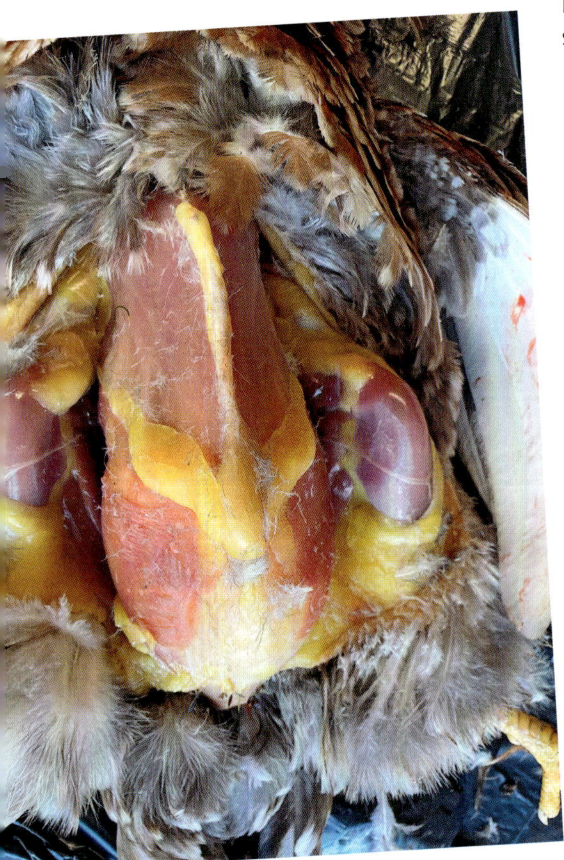

Erkennen

Äußerlich lässt sich eine Fettleber nicht erkennen. Hinweise darauf können manchmal blasse Kämme sowie aufgrund von Vitamin-D-Mangel zu dünne Eischalen oder weiche, brüchige Knochen sein. Oftmals, aber nicht zwangsläufig, ist eine betroffene Henne auch generell verfettet und übergewichtig,

Hier erkennt man typische Stellen der Verfettung unter der Haut.

wodurch meist auch eine verminderte Legeleistung auffällt. Bei einem Riss der brüchig gewordenen Fettleber können plötzliche Todesfälle durch Verbluten auftreten.

Eine genaue Diagnose kann nur Ihr Tierarzt durch Untersuchungen des erkrankten Huhnes oder durch eine Sektion verstorbener Tiere stellen.

Ursachen

Es gibt verschiedene, komplexe Ursachen für eine **Fettleber:**

- **Zu hohe Kalorienzufuhr,** gerade bei Bewegungsmangel.
- **Falsches Energie-Protein-Verhältnis:** hoher Energiewert, niedriger Proteinwert. Gerade unsere Gartenhühner bekommen oft zu viele Leckerchen durch zusätzliche Körnergaben. Außerdem könnte es – gerade bei Bewegungsmangel – sein, dass der Energiegehalt ihres Futters zu hoch ist, weil sie gar nicht so eine hohe Legeleistung haben wie Legehybriden, für die das Legefutter meist vorgesehen ist.
- Ein Mangel an **Aminosäuren.**
- Aflatoxine (Schimmelpilze) im Futter.
- **Kalziummangel:** ein Kalziummangel scheint durch den dadurch nötigen, vermehrten Knochenstoffwechsel mit erhöhten Östrogenwerten einherzugehen, außerdem führt ein Kalziummangel kompensatorisch zu erhöhter Futteraufnahme und somit Verfettung.
- **Stress** mindert auch die Kalziumaufnahme.
- **Hohe Eiproduktion** (= erhöhte Östrogenproduktion).
- Bei **Hitze** bewegen sich die Tiere weniger und der Energiebedarf ist anfangs niedriger. Hinzu kommt, dass Hühnern bei Hitzestress weniger selbst produziertes, antioxidatives Vitamin C zur Verfügung steht. Bei weiter steigenden Temperaturen steigt jedoch der Energiebedarf durch extremes Hecheln, aber die Futteraufnahme nicht, sodass die Leber dann gegen einen Nährstoffmangel arbeiten muss.
- **Mangelernährung** an Energie und Aminosäuren: bei jungen Legehybriden zu Beginn der hoch schießenden Legeleistung, wenn sie gleichzeitig noch wachsen, aber nicht genug Futter aufnehmen. Die Leber wird stark belastet, wenn sie bei einem Nährstoffmangel das Fett für den Eidotter aus Kohlenhydraten herstellen muss.
- Grundsätzlich entsteht eine Fettleber in Zeiten erhöhter Stoffwechselbelastung.

Vorbeugen

- In Hitzeperioden sollte kohlenhydratreiches Futter wie Körner und Brot etc. vermieden werden.
- Fügen Sie bei Hitze dem Wasser Vitamin C zu.
- Da Pellets eine hohe Energiedichte haben, kann Mehl eine bessere Option sein. Füttern Sie Rassehühnern kein zu energiereiches Futter.
- Bieten Sie Ihren Hühnern grundsätzlich genügend Bewegungsmöglichkeit an.

- Lieber weniger Kohlenhydrate und stattdessen mehr Fett im Futter! Füttert man einen höheren Fettanteil, insbesondere über ungesättigte Fettsäuren, und reduziert gleichzeitig den Kohlenhydratanteil, ohne den gesamten Energiegehalt zu erhöhen, muss die Leber weniger Fett für den Dotter neu produzieren und wird dadurch entlastet. Dies ist in Großbetrieben rechnerisch leichter umsetzbar.
- Bieten Sie ausreichend Kalzium an.
- Lassen Sie Ihre Hühner nach dem Sommer richtig mausern (keine Tageslichtverlängerung). Hierbei erholt sich nicht nur der Knochenstoffwechsel, auch die Leber regeneriert sich in Legepausen.
- Wählen Sie bei der Anschaffung am besten Rassen, die keine so hohe Legeleistung haben.
- Insbesondere bei Tieren mit extremer Legeleistung kann auch eine Mangelernährung eine Rolle spielen, die anders angegangen werden müsste.

Behandeln

Schützend vor Leberverfettung wirken:

- Sonnenblumenöl,
- Sojaöl,
- Methionin,
- Vitamine B1, B12,
- Vitamin C,
- Vitamin E,
- Cholin,
- Betain,
- Selen.

Praktisch setzen Sie das am besten so um:

- Es gibt im Fachhandel oder beim Tierarzt leberschützende Präparate und Fettleber-Fertigmischungen, die Sie verabreichen können.
- Gerade Hennen mit hoher Legeleistung und ältere Hennen mit belasteter Leber können für ihre Lebergesundheit von Zusätzen mit Bierhefe profitieren. Bierhefe enthält viele nützliche B-Vitamine, essentielle Aminosäuren und Spurenelemente wie auch das wichtige Selen. Aus der enthaltenen Aminosäure Methionin kann in der Leber in der Regel das fettabbauende Cholin hergestellt werden.
- Pflücken Sie Ihren Legehennen regelmäßig Löwenzahn samt der Wurzel. Mit seinen Bitterstoffen tut er der Leber gut.
- Artischocke und Mariendistelsamen sind weitere Mittel für eine gute Lebergesundheit.
- Wenn ein Energieüberangebot ihrer Rassehühner die Ursache der Fettleber ist, sollten Sie ein möglichst energiearmes Alleinfuttermehl füttern (Energiegehalt unter 11 MJ ME/kg, etwa 10,5-10,7 MJ ME /kg mit etwa 16–17 % Protein), für viel Bewegung sorgen und keine zusätzlichen Kohlenhydrate wie Brot oder Weizen oder Mais geben.

- Wenn man kein energieärmeres Alleinfutter findet, muss das Futter bei Leberverfettung durch Energieüberangebot möglicherweise rationiert und nicht zur freien Verfügung zugeteilt werden, was aber andere Probleme nach sich ziehen könnte. Besser ist es, den Energiegehalt des Futters durch die tägliche Gabe des Leberrezeptes (siehe Kasten) oder durch Möhren oder Weizenkleie zu senken.
- Liegt bei Legehybriden (Beginn der Legeleistung, Hitze) mit hoher Legeleistung und zu geringer Futteraufnahme jedoch ein Nährstoffmangel zugrunde, muss die Nährstoffdichte durch einen höheren Anteil guter Fette erhöht werden (z. B. 11,6 statt 11,4 MJ ME/kg), am besten kombiniert mit Mariendistelextrakt, Cholin, B-Vitaminen, Vitamin E und Methionin.

Bei einer diagnostizierten Fettleber muss man nicht sofort den Kopf in den Sand stecken. Der Tierarzt kann neben gezielter Futterumstellung Medikamente verordnen, die den Fettabbau fördern und leberschützend wirken. Eine nicht behandelte Fettleber dagegen kann durch verschiedene Folgen, die sie nach sich zieht, jedoch tödlich enden.

REZEPT

HAUS- UND GARTENREZEPT FÜR DIE LEBERGESUNDHEIT

Schnibbeln Sie Ihren Hühnern einen Mix aus vielen Brennnesseln, Löwenzahn, Weizenkleie, geriebenen Möhren, einem Schuss Sonnenblumenöl, etwas (wenn möglich gekeimte) Leinsamen, Bierhefe, Brottrunk (alternativ: etwas Joghurt) und bei Mäklern eventuell ein paar Haferflocken oder gekochte Reiskörner für den Geschmack. Brennnesseln enthalten sämtliche Vitamine (A, B, C, E, K), große Mengen antioxidatives Chlorophyll, viele Mineralstoffe (Kalzium, Eisen, Kalium, Magnesium, Schwefel, Selen, Zink) und essenzielle Aminosäuren. Die Brennnessel ist eine wahre Wunderpflanze, auch für die Leber! Klein gehackt fressen Hühner sie ohne Probleme. Möhren sind kalorienarm (senken also den Energiegehalt des Futters) und unterstützen die Schleimhaut im Legeapparat. Das Öl macht das Provitamin A der Möhren verwertbar, enthält leberschützende Linolsäure, das Antioxidans Vitamin E und erhöht den Fettanteil. Die ballaststoffreiche Weizenkleie enthält leberschützendes Cholin und sättigt. Die Probiotika unterstützen die Darmgesundheit und den Kalziumstoffwechsel, was wiederum für die Leber wichtig ist. Leinsamen (immer nur kurz, kühl und trocken lagern!) enthalten unter anderem östrogenregulierende, antioxidative, verdauungsfördernde Lignane. Diese Kombination der leberschützenden Inhaltsstoffe können Sie Ihren Hühnern ergänzend zum Alleinfutter anbieten.

Windeier

Allgemein

Eier ohne Kalkschale nennt man Windeier. Ein im Legedarm geplatztes Windei kann ein Nährboden für Bakterien sein. Hier droht die Gefahr einer Legedarmentzündung.

Erkennen

Windeier werden nur von einer weichen Schalenhaut umgeben. Oft findet man sie auf dem Kotbrett, weil sie sozusagen hinten rausplumpsen. Aber Windeier können auch zu Legenot führen, weil die feste Schale fehlt, gegen die der Legedarm pressen kann. Außerdem kann das Windei bereits im Legetrakt platzen – die Reste hinauszubefördern ist dann recht schwierig. Manchmal sieht man die Schalenhaut eines geplatzten Windeis aus der Kloake hängen.

Ursachen

Es gibt verschiedene Ursachen für Windeier.

- Generell können Windeier zu Beginn der Legeleistung auftreten, weil sich die Eiproduktion erst noch richtig einstellen muss. Manchmal folgen mehrere Ovulationen schnell hintereinander und das Ei wird gelegt, bevor es fertig ist.
- Störungen der nächtlichen Eischalenbildung können durch Stressfaktoren wie den Befall mit der Roten Vogelmilbe entstehen.

Ein geplatztes Windei.

- Generell kann es bei **Stress** zu Problemen mit der Eischale kommen, weil Cortisol, ein Stresshormon, die Kalziumaufnahme mindert.
- **Kalkmangel** im Futter kann Windeier hervorrufen, was bei der Verwendung von einem Legehennenalleinfutter und Muschelkalk jedoch selten ist.
- Möglicherweise liegt der Grund in einer Resorptionsstörung des Darms: Bei **Darmschädigungen** kann nicht genug Kalzium aufgenommen werden.
- Bei Durchfall gehen zum einen Mineralstoffe verloren, zum anderen verweilt die Nahrung womöglich nicht lange genug im Darmtrakt, um genügend Kalzium zu resorbieren. Dies kann auch bei Hitze passieren, wenn viel Wasser und wenig Nahrung aufgenommen wird, sodass die aufgenommene Kalziummenge nicht für die Schalenbildung reicht.
- Auch Nierenschädigungen können zu Störungen im Kalziumstoffwechsel führen, denn die Niere ist beteiligt an der Vitamin D-Bildung und an der Kalziumausscheidung sowie der Kalziumrückresorption. Probleme der Nierenfunktion können zum Beispiel dadurch entstehen, dass Junghennen zu früh ein kalziumreiches Legefutter bekommen haben.
- Infektionen der Schalendrüse bzw. Virusinfektionen wie EDS (Egg Drop Syndrom) können die Ursache für Windeier oder dünnschalige Eier sein. Aber auch eine IB (Infektiöse Bronchitis) kann durch entzündliche Prozesse im Legeapparat zu verformten, faltigen, helleren und dünnschaligen Eiern mit verflüssigtem Eiklar führen. Übrigens kann es bei einer IB-Infektion von Junghennen zu „Falschen Legern“ kommen – das sind Hennen, die gar keine Eier legen, aber ansonsten gesund aussehen.
- Ältere Hennen oder Hennen auf dem Höhepunkt ihrer Legeleistung können Eier mit dünnen Schalen oder Windeier legen, wenn ihr Körper mit der Schalenbildung nicht hinterherkommt. Das kann an einer Erschöpfung des Kalziumstoffwechsels der Knochen liegen oder an einem Vitamin-D-Mangel aufgrund von Leberproblemen. Außerdem legen ältere Hennen größere Eier; der Umfang der Schale nimmt also mit zunehmendem Alter zu, die Einlagerung von Kalk jedoch gleichzeitig ab.
- Da eine Vorstufe des Vitamin D in der Bürzeldrüse gebildet wird, kann bei Rassen wie Araucana, die keine Bürzeldrüse haben, ein Vitamin-D-Mangel eine Rolle spielen.

Vorbeugen

- Wichtig ist ein ausgeglichener Kalziumstoffwechsel. Muschelgrit muss immer separat zur freien Verfügung stehen.

Tipp

Der Kalk sollte in den Nachmittags- und Abendstunden angeboten werden, da die Schalenbildung hauptsächlich nachmittags und nachts geschieht. Gut geeignet sind Austernschalen oder grober Muschelkalk, weil das Kalzium daraus kontinuierlich gelöst wird und länger zur Verfügung steht. Das ist wichtig, da Futter sowieso nur 3 bis 4 Stunden im Magen-Darm-Trakt des Huhnes verweilt. Die Kalziumaufnahme der Henne erfolgt bedarfsgerecht, daher sollte man die Muschelschalen in ein zum Alleinfutter separates Gefäß zur freien Verfügung stellen oder zur Beschäftigung in die Einstreu werfen.

Die verschiedenen Ergänzungen für Hühner. Links unten: Muschelkalk, links Mitte: Mischung Muschelkalk mit Magenkiesel, links oben: Magenkiesel (als Zahnersatz), Mitte unten: leicht löslicher Kalkgrit, Mitte oben: leicht lösliches Kalkmehl, rechts: gemahlene Eierschalen.

- Nur bei einer wurmfreien, guten Darmgesundheit können die nötigen Mineralstoffe optimal aufgenommen werden. Unter anderem unterstützen Milchsäurebakterien die Darmflora und somit die Schalen- und Knochenfestigkeit.
- Füttern Sie Ihren Hennen erst ab dem ersten Ei ein Legefutter.
- Achten Sie auf alle Punkte für eine gute Lebergesundheit (siehe Seiten 49-51).
- Stressvermeidung beugt ebenfalls Windeiern vor.
- Grundsätzlich ist eine Impfung gegen EDS und/oder IB möglich. Ihr Tierarzt kann Sie hierzu je nach Situation beraten; die Impfungen sind allerdings eher in Großbetrieben üblich.

Behandeln

- Versuchen Sie herauszufinden, welche Henne oder welche Hennen Windeier legen.
- Wenn das geplatzte Windei aus der Kloake hängt und feststeckt, ziehen Sie die zarte Schalenhaut vorsichtig heraus – möglichst so, dass sie nicht reißt und nichts stecken bleibt.
- Ein Kalkmangel im Futter lässt sich leicht durch Gabe von **Muschelkalk** beheben (siehe dazu auch unter „Vorbeugen"). Bei Freilauftieren und insbesondere bei heißem Wetter sollte Kalzium bei Problemen mit der Eischale auch tagsüber in Reichweite der Tiere vorhanden sein – nicht nur drinnen im Stall, wo sie tagsüber nur selten hingehen.
- Eventuell ist zusätzliches Kalzium übers ein zweites Trinkwassergefäß angebracht, wenn in Hitzeperioden zu wenig gefressen wird. Manche Hühner mögen das mit Kalzium versetzte Wasser nicht, außerdem sollen sie individuell ihren Bedarf regulieren, daher am besten zwei Gefäße.

- Neben Muschelkalk und grobem **Kalkgrit** kann man auch schneller resorbierbares **Kalkmehl** anbieten, insbesondere falls ein Huhn diesbezüglich Präferenzen hat oder es die spitzen Muschelstückchen nicht mag. Am besten kombiniert man bei Eischalenproblemen schnell resorbierbares Kalkmehl mit langsam resorbierbarem Muschelkalk und Kalkgrit. Kalk sollte immer separat zum Alleinfutter angeboten werden, damit die Hühner ihren Bedarf individuell decken können, denn auch eine zu hohe Kalziumaufnahme kann zu Problemen wie beispielsweise zu Nierenschäden führen.
- Bieten Sie Ihren Hühnern auch ihre **eigenen Eierschalen** an, gerade wenn in der Herde Probleme mit Windeiern bestehen. Kochen Sie dazu die Eierschalen ab, um Keime abzutöten, und zermörsern Sie anschließend die Schalen zu sehr feinem Mehl, damit die Hühner keinen Bezug zu intakten Eiern herstellen und sich daraus womöglich noch Eierfressen entwickelt. In der Regel lieben die Hühner ihr Eierschalenmehl und können so ihren Kalziumbedarf auffüllen (abgekühlt und frisch verabreichen, sonst zuvor trocknen lassen! Feuchte Eierschalen beginnen nämlich sonst mit der Zeit zu stinken und können mikrobiell belastet sein. Sie müssten dann regelmäßig zwischendurch abgekocht werden.).
- **Vitamin D** fördert die Kalziumaufnahme und sollte bei Resorptionsstörungen zusätzlich nach Herstellerangaben gegeben werden.
- Wenn man der Herde zusätzlichen Kalk in verschiedenen Variationen angeboten hat, aber keine Verbesserung auftritt, es der Henne durch die Windeier mit einhergehenden Legeproblemen schlecht geht, oder um weiteren Problemen vorzubeugen, kann man die betroffene Henne abends von der Sitzstange nehmen und ihr eine extra Portion Kalzium anbieten. Dazu eignen sich am besten frisch zubereitete, gemahlene Eierschalen. Alternativ kann man eine handelsübliche Kalziumlösung für Hühner, eine Trinkampulle aus der Apotheke oder Stückchen einer Kalzium-(Vitamin-D-)Brausetablette in etwas Wasser auflösen und von kleinen Stückchen Brot aufsaugen lassen. Auf diese Weise frisst sie sicher eine zusätzliche Menge Kalzium vor der Nacht auf. Beobachten Sie, ob diesmal am nächsten Morgen kein Windei vorhanden ist. Probieren Sie aus, welche Kalziummenge minimal nötig ist, um Windeiern vorzubeugen. Wenn dieses Prozedere nichts bewirkt, stellen Sie es ein, um eine Kalzium-Überversorgung zu vermeiden. Generell sollte dies sowieso nur kurzzeitig und übergangsweise praktiziert werden, bis der Kalziumspeicher aufgefüllt ist.
- Zeitgleich sollten der Legedarm und die Leber wieder in Schuss gebracht werden. Füttern Sie gegebenenfalls täglich das Rezept zur Lebergesundheit, das auch das Immunsystem und somit die Heilung im Legedarm unterstützt (siehe Seite 51). Stellen Sie alsbald die individuelle extra Kalziumgabe ein. Vitamin A unterstützt die Schleimhaut des Legetraktes.

Tipp

Weil Hühner überwiegend nachmittags und abends Kalzium zu sich nehmen, gehen Sie doch mal am Ende des Tages mit frischen, abgekochten (und natürlich abgekühlten), zermörserten Eierschalen zu Ihren Hühnern – sie werden Ihnen diese „Mahlzeit" aus den Händen reißen!

- Wenn es trotz Kalk- und Vitamin-D-Gabe und bei Ausschluss anderer, oben genannter Ursachen zu Windeiern kommt, ist eine Untersuchung auf infektiöse Erkrankungen wie IB zu empfehlen. Eventuell ist eine Impfung notwendig. Sprechen Sie sich mit Ihrem Tierarzt ab.
- Falls der Tierarzt eine Entzündung im Legetrakt als Grund für die Probleme beim Legen feststellt, wird er eine entsprechende medikamentöse Behandlung verordnen. Sie selbst können auch in dieser Situation das Immunsystem der Henne durch Gesundheitsbooster (Oregano, Zwiebeln, Knoblauch, Möhren mit einem Schuss Öl) und das Rezept für die Lebergesundheit stärken. Entzündungshemmend wirken beispielsweise auch Weidenrinde, Mädesüß und Lavendel.
- Falls Resorptionsstörungen im Darm die Ursache sind, entwurmen Sie verwurmte Hühner und bieten Sie Probiotika wie Brottrunk an, die sich auf die Darmflora, die Futterverwertung und den Kalziumstoffwechsel positiv auswirken können.
- Behandeln Sie gegebenenfalls eine diagnostizierte Fettleber nach Anweisung des Tierarztes.
- Es kann sein, dass Hennen, die aufgrund von entzündlichen Prozessen im Legetrakt Windeier legen, nach einer kompletten Mauser damit aufhören. Der Legetrakt wird während der Mauser sehr stark zurückgebildet und anschließend neu aufgebaut. Dieser Effekt tritt jedoch nur ein, wenn die Hühner komplett durchmausern und tatsächlich eine Legepause einlegen. Bei einer Teilmauser regeneriert sich der Legeapparat nicht. Verlängert man im Winter den Tag durch zusätzliche Lichtphasen, mausern die Hühner in der Regel nicht vollständig, sondern nur teilweise.
- Außerdem regeneriert sich in der Mauser bzw. **Legepause** (Lichtreduktion) der Kalziumhaushalt, sodass nach einer Mauser die Schalen oft wieder fester werden.
- Wenn das Huhn auf keine der genannten Behandlungen anspricht und oft Probleme mit Windeiern oder mit einer Legenot behält, kann der Tierarzt dem Huhn ein Mittel verabreichen, das die Eibildung und das Eierlegen unterdrückt. So kann man das Leben der Henne retten.

Schichteier/Legedarm-entzündung

Allgemein

Die Schichteibildung ist eine Folge der chronischen Legedarmentzündung, was wiederum eine der häufigsten Erkrankungen der Legehennen ist. Der Legedarm ist hierbei gefüllt mit gelblichem Entzündungsmaterial, das im Anschnitt eine Schichtung aufweist und als Schichteibildung bezeichnet wird. Es besteht die Gefahr, dass zusätzlich eine Bauchfellentzündung entsteht und der Legedarm reißt.

Erkennen

- Eine verklebte Kloake mit Ausfluss kann ein Hinweis auf eine Legedarmentzündung sein. Manchmal legen betroffene Hennen eiähnliche Gebilde aus dem Entzündungsmaterial. Bei einem ungewöhnlichen, harten Gebilde im Nest handelt es sich also wahrscheinlich um ein Schichtei.
- Betroffene Hennen mit chronischer Legedarmentzündung haben trotz Abmagerung (spitzes Brustbein) oft eine Gewichtszunahme und einen verdickten, gespannten prallen Bauch sowie Schmerzen. Typische Anzeichen dafür sind ein breitbeiniger Gang und eine Pinguinhaltung.
- Oft tritt auch Durchfall auf, zudem manchmal Atemnot, wenn die Masse im Bauchraum die Atmungsorgane verdrängt. Eine Ultraschalluntersuchung beim Tierarzt kann Klarheit bringen.

Ursachen

Eine Legedarmentzündung entsteht meist durch bakterielle Erreger, die über die Kloake den Legedarm hochwandern, in der Regel Coli-Bakterien. Dies geschieht insbesondere bei alten Hennen, deren Legedarm nach der Eiablage erschlafft ist. Desweiteren begünstigen schlechte Nesthygiene, Immunsuppression sowie instabile Eierschalen die Entstehung einer Legedarmentzündung. Zerbrochene Eier verlegen den Legedarm und bilden einen Nährboden für bakterielle Erreger.

Wenn deformierte oder geplatzte Eier im Legedarm verbleiben, eindicken und immer neue Follikel nachspringen, staut sich die Eimasse im Legedarm an. Auf Dotter- und Eiweißschichten lagert sich käsiges oder schleimiges Entzündungsmaterial auf, wodurch sich das Schichtei bildet. Der Legedarm füllt sich, vergrößert sich und kann sogar platzen.

Durch aufsteigende Infektionen kann auch die Bauchhöhle betroffen sein. Außerdem passiert es durch die Passagestörung manchmal, dass die Dotterkugeln nun nicht in den Legeapparat gelangen, sondern in die Bauchhöhle („interne Leger"). Daher liegt oft gleichzeitig eine Entzündung der Bauchhöhle mit Bauchwassersucht und mit Verklebungen und Komprimierung der Darmschlingen vor. Gerade Hochleistungshennen mit extremer Legeleistung sind betroffen.

Vorbeugen

- Eine gute Nesthygiene ist eine wichtige Vorbeugungsmaßnahme, um aufsteigende Infektionen in den Legedarm zu verhindern. Federn, Kot und mit zerbrochenen Eiern verschmierte Einstreu sollten deshalb stets entfernt werden.
- Achten Sie auf einen ausgeglichenen Kalziumhaushalt, um Legenot und Windeier, die im Legedarm platzen könnten, zu vermeiden. Bieten Sie Ihren Hennen Muschelkalk und Kalkmehl an (siehe Seiten 54, 55).
- Ihre Hennen sollten genug Bewegungsraum haben, damit sie nicht verfetten und sich keine Eier im Legedarm stauen.

SCHON GEWUSST?

Haben Sie eventuell schon einmal eine Henne gesehen, die ins Nest gegangen ist, ohne ein Ei gelegt zu haben, während es ihr ansonsten gut zu gehen schien? Diese Henne hatte 24 Stunden vor dem Nestbesuch eine Ovulation. Die Eiablage fehlt diesmal jedoch, wahrscheinlich, weil die Dotterkugel nicht in den Eileiter, sondern in die Bauchhöhle gelangt ist. Behalten Sie diese Henne und ihren Gesundheitszustand im Auge!

- Sorgen Sie für eine gute Darmgesundheit, um das Immunsystem zu stärken und um aufsteigende Infektionen in den Legedarm zu verhindern (siehe Seiten 19-21).
- Sorgen Sie für eine gesunde Leber (siehe Seiten 49-51).
- Durch eine gute Lüftung im Stall können Sie dafür sorgen, dass Ihre Hühner keine chronische Atemwegsinfektion mit Mykoplasmen bekommen. Eine solche Infektion kann auch den Legedarm schädigen.
- Am besten wählen Sie Hühnerrassen, die keine hohe Legeleistung haben, da sie sonst anfälliger für sämtliche Probleme rund ums Legen sind.
- Lassen Sie Ihre Tiere einmal jährlich komplett mausern. Hierbei regenerieren sich die inneren Organe und der Kalziumhaushalt.
- Wiegen Sie Ihre Hühner regelmäßig und tasten Sie öfters ihren Bauch ab, um verdächtige Abmagerung trotz Gewichtszunahme sowie Vergrößerung des Bauchumfanges schnell festzustellen.

Tipp

Weidenrinde und Mädesüß können Sie mit einem bisschen heißem Wasser übergießen und aufquellen lassen. Anschließend mischen Sie die Kräuter samt Flüssigkeit über das Alleinfutter oder über Haferflocken, am besten gepaart mit Möhren und anderen Vitaminquellen. Wenn Sie einen Tee aus Weidenrinde und Mädesüß anbieten möchten, sollten Sie ihn aus Akzeptanzgründen zunächst nicht zu stark konzentrieren – in der Regel mögen die Hühner den Geschmack jedoch gern.

Behandeln

- Durch die Lebensbedrohlichkeit dieses Krankheitsgeschehens muss immer ein Tierarzt zurate gezogen werden, wenn ein Huhn ein Schichtei gelegt hat. Sollte eine Legedarmentzündung im Anfangsstadium vorliegen oder das Entzündungsmaterial bzw. Schichtei abgesetzt worden sein, kann dem Tier durch eine medikamentöse Behandlung (inklusive einem Antibiotikum) vielleicht geholfen werden.
- Immunbooster (Zwiebeln, Knoblauch, Oregano, Kamille, Brennnessel, Bierhefe) und Vitamin-A- und -C-Gaben wirken unterstützend. Mädesüß und Weidenrinde wirken entzündungshemmend und schmerzlindernd.

- Empfehlenswert ist es, wenn das betroffene Huhn zunächst keine Eier mehr legt. Dazu sollte es nicht mehr als 8 Stunden Licht am Tag und etwas weniger Futter bekommen. Um sich dennoch ausreichend übers Futter zu beschäftigen und den Kropf zu füllen, darf das Huhn beliebig an ganzen Möhren und an einem Rot- oder Weißkohl herumpicken.
- Stellt der Tierarzt eine hochgradige Legedarmentzündung fest, kann das Schichtei nicht abgesetzt werden oder hat das Tier gleichzeitig eine Bauchfellentzündung, so muss die entzündliche Masse wahrscheinlich operativ aus Legedarm und Bauchhöhle entfernt werden (oft samt Legedarm, der entzündet und ausgeleiert ist). Anschließend bekommt das Huhn Hormone, um die Eiproduktion zu verhindern. Besprechen Sie mit dem Tierarzt, ob das Vorgehen Aussicht auf Erfolg hat.
- Je nach Schwere des Falles und Befinden des Huhns, kann es angebracht sein, das Tier zu erlösen, um es nicht leiden zu lassen. In der Regel ist die Prognose bei dieser Diagnose nicht gut.

Blutspuren durch Picken und weißlicher Ausfluss aus der Kloake bei einer Hybridhenne. Durch ungünstige Haltungsbedingungen und die Zucht auf Höchstleistung sind diese Tiere für Legedarmentzündungen anfälliger als artgerecht gehaltene Rassehühner.

Prolaps (Kloaken-, Legedarm-vorfall)

Allgemein

Bei einem Prolaps bleibt der Legedarm nach dem Eilegevorgang nach außen gestülpt und zieht sich nicht wieder ins Innere zurück. Manchmal stülpen sich auch die Kloake und ein Stück vom Darm aus. Die Gefahr besteht darin, dass das ausgestülpte Gewebe austrocknet, sich infiziert und abstirbt und dass Infektionen aufsteigen. Es besteht außerdem die Gefahr, dass die anderen Hühner das vorgefallene Gewebe bepicken und verletzen oder gar auffressen.

Tipp

Ein Kalziummangel im Futter (unter 4% und fehlender Muschelkalk) ist nicht nur in Bezug auf die Stabilität der Kalkschale von Bedeutung. Er kann auch zu einer Verfettung der Hennen führen, weil diese den Mangel über eine erhöhte Futteraufnahme versuchen zu kompensieren. Dies führt nicht nur zur Verfettung, sondern auch zu größeren Dottern.

Erkennen

Die Schleimhaut ragt aus der Kloake heraus, sieht oft blutig-entzündlich aus und ist ähnlich wie bei Durchfall mit Sekret verklebt.

Ursachen

Ein Prolaps kann unterschiedliche Ursachen haben:

- Zu große Eier (XL-Eier, Doppeldottereier).
- Verfettung der Hennen.
- Zu früher Legebeginn.
- Kalziummangel.
- Bindegewebsschwäche älterer Hennen.
- Erkrankungen des Legedarms.
- Legenot.
- Kloakenentzündungen.
- Verstopfung.
- Länger andauernder Durchfall.
- Allgemeinerkrankungen.

Vorbeugen

- Um eine Verfettung Ihrer Hühner zu vermeiden, bieten Sie Ihnen möglichst viel Bewegungsraum. Achten Sie auch darauf, sie nicht mit energiereichen Leckereien zu überfüttern (siehe Seiten 31, 33, 49f.).
- Vermeiden Sie zu große Eier. Füttern Sie beispielsweise nicht zu viel Energie und Methionin.
- Achten Sie auf einen ausgewogenen Kalziumhaushalt. Bieten Sie in dem Fall sowohl Muschelkalk als auch leicht lösliches Kalkmehl und Eierschalenmehl an.
- Achten Sie auf einen gesunden Legeapparat und eine gute Darmgesundheit.

- Halten Sie Stall und Nester sauber.
- Lassen Sie Ihre Hühner komplett mausern, damit sich der Legeapparat und der Kalziumhaushalt erholen.
- Kaufen Sie Hühner, die keine hohe Legeleistung haben oder die nicht zum Verfetten neigen.

Behandeln

Bei einem Kloakenvorfall, insbesondere einem blutigen, suchen Sie möglichst einen Tierarzt auf, um Komplikationen zu vermeiden. Außerdem kann er die Ursache des Vorfalls feststellen und diese gezielt behandeln.

- Ein veralteter, verkrusteter oder nekrotischer Kloakenvorfall, wo auch noch Darm zu sehen ist, hat keine gute Aussicht auf Heilung, sodass eine Euthanasie oder Nottötung in Erwägung gezogen werden muss. Anders sieht es bei einem frischen Kloakenvorfall aus. Der Tierarzt kann den Kloakenvorfall medikamentös oder auch chirurgisch behandeln. Wenn er die Kloake zurückgestülpt hat, wird er sie womöglich ein Stückchen zunähen, um einen sofortigen, erneuten Vorfall zu verhindern. Hierbei verbleibt eine kleine Öffnung zum Koten, es darf aber kein Ei mehr im Legeapparat stecken, eventuell muss sogar der Legedarm entfernt werden. Der Tierarzt wird dem betroffenen Huhn wahrscheinlich auch eine Antibiose , ein Schmerzmittel und ein Präparat verabreichen, damit es zunächst nicht mehr legt.

Wenn kein Tierarzt erreichbar ist, kann man folgendermaßen vorgehen:

- Eine Henne mit Kloakenvorfall muss separiert werden, damit die Kolleginnen nicht daran picken (fliegen- u. einstreufreie Box mit Handtuch).
- Zunächst wäscht man das vorgefallene Gewebe, zum Beispiel mit Kernseife, damit sich die Verklebungen lösen, verschmutzte Federn können Sie zuvor abschneiden. Anschließend spült man die Schleimhaut mit einer jodhaltigen Lösung, trägt Vaseline auf und drückt dann mit einem Finger unter leichtem Druck gegen den Vorfall, um ihn zurückzustülpen (Einmalhandschuhe!). Dies muss man wiederholen. Danach kann man abwechselnd steriles warmes und eiskaltes Wasser über die Kloake laufen lassen, um die Muskulatur durch Anspannen und Entspannen zu trainieren. Anfangs ploppt die Kloake ab und zu noch mal vor. Führen Sie die Behandlung deshalb am besten zweimal täglich durch, bis die Kloake – oft nach ein paar Tagen – ihre Position hält.
- Um Infektionen vorzubeugen, sollte man das Immunsystem mit Zwiebeln, Knoblauch, Oregano, Kamille, Brennnessel und Bierhefe sowie Vitamin A und C stärken. Weidenrinde, Mädesüß und Lavendel wirken entzündungshemmend und schmerzlindernd, Weihrauchpulver wirkt zusätzlich abschwellend.
- Gut ist, wenn die Henne durch die Separation von den anderen und eine geringere Tageslichtlänge mausert und nicht mehr legt. So kann sich das Gewebe am besten regenerieren. Sie kann 8 Stunden Freilauf haben (bei stabiler Kloake) und anschließend in einer dunklen Umgebung untergebracht werden, während die Energiedichte im Futter etwas reduziert wird.

Ungewöhnliche Eier – Ei-Diagnose

Die Legeleistung einer Herde hängt von vielen Faktoren ab. Das Alter, die Rasse, die Jahreszeit, die Ernährung und der Gesundheitszustand spielen hierbei eine Rolle. Eine plötzliche Verminderung der Eizahl kann durch Infektionen (IB, EDS, ND, Mykoplasmen, „Vogelgrippe"), Wassermangel, extreme Temperaturen oder unausgewogenes Futter, Verkürzung der Tageslichtlänge und Ungleichgewicht von Nährstoffen wie Kalzium, Phosphor, Salz oder Protein begründet sein. Hier soll es nicht um die Legeleistung gehen, sondern um das einzelne Ei, das aus gesundheitlichen Gründen atypisch ausfällt.

Man muss nicht gleich in Panik ausbrechen, wenn man mal ein Windei, ein Ei mit Kalkstippeln oder ein sonstiges auffälliges Ei findet. Kommen Veränderungen an der Eischale jedoch häufiger vor, so ist es wichtig herauszufinden, welche Henne diese Störung zeigt. Dahinter könnten ernste, sogar potenziell tödliche Ursachen wie eine Legedarmentzündung oder ein Fettlebersyndrom stecken, die unbedingt behandelt werden müssten. Suchen Sie bei gehäuftem Auftreten Ihren Tierarzt auf.

Ein defekter Legetrakt kann – neben weiteren Ursachen – einerseits der Grund von unnormalen Eischalen sein, andererseits können atypische Eier wiederum bedenkliche Probleme mit dem Legetrakt wie Legenot nach sich ziehen. Viele Abweichungen von einer normalen Eischale sind stressbedingt. Achten Sie also darauf, dass Ihre Hennen am Tagesende, während der Nacht (die Hauptzeiten der Schalenbildung) und während der Eiablage unbedingt Ruhe haben! Eine ausreichende Anzahl an attraktiven, sauberen Nestern ist ebenso unabdingbar. Hennen wollen meist dahin legen, wo bereits Eier liegen. Damit die möglichst gemütlichen, abgedunkelten Nester auch angenommen werden, kann man in jedes Nest ein, zwei Kunsteier hineinlegen. So knubbeln sich die Hennen nicht vor einem einzigen Nest, in dem alle gleichzeitig legen wollen – ein „Legestau" wird verhindert.

Ist das Ei zu lange im Legetrakt, kann es irgendwo außerhalb des Nestes gelegt werden, weil die Henne dann kein normales Eiablageverhalten zeigt – das Aufsuchen des Nestes fehlt. Der Ovulationszeitpunkt bestimmt nämlich den Zeitplan des Legeverhaltens!

Keine Schale

Ein Ei ohne Schale nennt man Windei (siehe Seite 52f.).

Dünne oder weiche Schale

Ältere Hennen legen größere Eier, die dann auch zu dünner oder weicher Schale neigen. Denn für größere Eier ist ein höherer Kalziumbedarf nötig, der erstmal gedeckt sein muss. Zusätzlich sind bei älteren Hennen die Kalziumaufnahme über

Dünne Eierschale. Das Ei ist noch im Nest zerbrochen – das Nest muss sofort gesäubert werden.

das Futter sowie die Kalziumvorräte im Knochen vermindert (siehe Seite 46f.). Nach der Mauser mit Legepause und Auffüllung der Kalziumvorräte im Knochen werden die Eier in der Regel wieder stabiler.

Dünne oder weiche Eier sind auch typisch bei zu frühem Beginn der Legeleistung von Junghennen.

Weitere Ursachen können Hitze (siehe Seite 91f.), zu wenig Kalzium oder Vitamin D im Futter sowie Infektionen (wie IB, EDS, ND) sein. Kleine Mengen Phosphor im Futter steigern die Kalziumaufnahme, ein Phosphorüberschuss dagegen kann zu einem Kalziummangel führen.

Generell haben braune Eier eine stabilere Schale als weiße Eier.

Gebrochene Schale

Die Eischalen können im Nest brechen, wenn zu wenig weiche Einstreu vorhanden ist.

Zu Schalenbruch kann es auch kommen, wenn die Hühner im Nest scharren. Die Nester müssen dementsprechend so angelegt sein, dass dies nicht möglich ist.

Dünnschalige Eier können schneller zerbrechen.

Bei Langeweile oder bei Nährstoffmangel kann es zu Eierfressen kommen. Eierfressen kann aber auch ausgelöst werden, wenn Eier durch dünne Schalen kaputt gehen und im Nest liegen. Am besten beseitigt man die Ursachen fürs Eierfressen und sammelt oft die Eier ein, damit keine Gelegenheit für das Eierfressen besteht und die Hühner gar nicht erst auf den Geschmack kommen. Nur im Notfall sollte man sich für eine Zeit sogenannte Abrollnester anschaffen, bis die Hühner sich das Verhalten wieder abgewöhnt haben. Abrollnester entsprechen nicht dem natürlichen Verhalten, denn Hennen möchten nach der Eiablage noch eine Weile auf dem gelegten Ei verbleiben.

Blutspuren auf der Eierschale.

Blutige Schale

Blutverschmierte Eierschalen kommen manchmal zu Beginn der Legeleistung bei Junghennen vor, gerade wenn sie zu früh mit dem Legen anfangen. Hierbei kann es im Legetrakt zu kleinen Rissen kommen, die Blutspuren auf den Eiern hinterlassen. Dies passiert besonders bei zu dicken Junghennen.

Auch extrem große Eier, wie Doppeldottereier, können durch Geweberisse blutige Eier verursachen, insbesondere bei Junghennen. Bei alten Hennen, die mal ein Doppeldotterei legen, kommt es in der Regel nicht mehr zu Eierschalen mit Blutflecken.

Außerdem kann es bei blutigen Durchfallerkrankungen wie Kokzidiose (die bei erwachsenen Hühnern nur selten vorkommt) (siehe Seite 24f.) zu Blutspuren auf den gelegten Eiern kommen.

Kloakenpicken als weitere Ursache sollte bei Gartenhühnern unter guten Haltungsbedingungen nicht vorkommen.

Kleine Bluttupfen auf der Eischale können durch Milben (siehe Seite 74) bedingt sein.

Rechts unten im Eiklar befindet sich ein Fleischfleck.

Blut- oder Fleischflecken im Ei

Blutflecken an der Dotterkugel können durch Beschädigung von kleinen Blutgefäßen während des Eisprungs entstehen. Ursachen dafür können Schreckreaktionen auf Attacken durch Beutegreifer oder Gewitter sein, ebenso ein Vitamin-K-Mangel. Blutflecken kommen bei braunschaligen Eiern häufiger vor als bei weißen Eiern.

Fleischflecken im Eiklar stellen Schleimhautfragmente des Eileiters oder resorbiertes Blut dar und kommen auch bei braunschaligen Eiern, insbesondere bei Eiern von Marans, häufiger vor. Nicht nur eine genetische Veranlagung, sondern auch Stressreaktionen können für Fleischflecken verantwortlich sein. Die Flecken findet man öfter, wenn die betroffene Henne keine Mauser durchgemacht hat, in der sich der Legeapparat normalerweise regeneriert.

Eier mit diesen Eieinschlüssen sind genießbar, wenngleich etwas unappetitlich.

Faltige, „verschrumpelte" Schale

Verschrumpelte bzw. wellige Eischalen können durch Infektionen, die den Legetrakt betreffen, entstehen. Dazu zählt beispielsweise IB. Bei IB kann es auch zu wässrigen Eiweißen und helleren Eischalen kommen, ebenso zu Sandpapiereiern.

Faltiges Ei.

Faltige Eier kommen häufiger bei älteren Hennen vor, die ja auch anfälliger für Probleme mit dem Legetrakt sind. Die waagerechten Linien spiegeln die Faltung der Uteruswand.

Hellere Schale

Die Eischalen von Hennen, die braune Eier legen, werden mit zunehmendem Alter der Hennen heller. Der Grund dafür wird darin gesehen, dass ältere Hennen größere Eier legen, aber nicht mehr Pigmente produziert werden, diese also auf einer größeren Fläche verteilt werden müssen. Ein weiterer Grund kann sein, dass ihre Schalen instabiler und dadurch heller sind.

Blasse Eischalen können auch bei einem Kalziummangel im Futter entstehen sowie bei Wurmbefall.

Medikamente, Impfungen sowie Infektionskrankheiten wie EDS, ND und IB können weitere Ursachen sein.

Auch Stress kann die Ursache für hellere Eier sein. Wenn das Ei stressbedingt zu früh gelegt wird, bleibt am Ende nicht genug Zeit für die typischerweise relativ späte Pigmentauflagerung. Die Pigmente werden 3 bis 4 Stunden vor dem Legen eingelagert.

Aufgehelltes Ei unten.

Eieinschlüsse: Würmer, Kot, Einstreu, Insektenteil im Ei

In seltenen Fällen kann es passieren, dass ein Spulwurm oder Bandwurmsegmente im Ei enthalten sind. Würmer (siehe Seite 24) können aus der Kloake in den Legetrakt wandern und ins Ei eingeschlossen werden. Da die Würmer der Hühner für Menschen nicht ansteckend sind, besteht kein Grund zur Panik, wenngleich es nicht appetitlich aussieht.

Während der Eiablage können auch Kot-, Einstreu- und Insektenteile in den Legetrakt gelangen, wie Spermien aufwärts Richtung Eitrichter wandern und in ein Ei eingeschlossen werden.

Doppeldotterei.

Übergroße Eier

Größere Eier kommen bei älteren Hennen vor. Außerdem können eine Überversorgung mit der Aminosäure Methionin im Futter und ein Energieüberangebot zu größeren Eiern führen. Ein weiterer Grund sind Doppeldottereier.

Gerade bei Junghennen kann es zu Beginn der Legeperiode zu derartigen Unregelmäßigkeiten bei den Eiern kommen, weil sich bei ihnen die hormonelle Steuerung noch nicht richtig ausgebildet hat. Insbesondere übermäßige Lichtstimulation (starke Tageslichtverlängerung oder Erhöhung der Lichtintensität) sowie auch hier zu hoher Methioningehalt im Futter können ursächlich verantwortlich sein. Doppeldottereier sollte man nicht als Bruteier verwenden.

Leicht wässriges Eiklar.

Wässriges Eiklar

Normalerweise ist das frische Eiklar innen zähflüssiger als außen. Läuft äußeres und inneres Eiklar ineinander über und ist es insgesamt wässriger, kann dies ein Hinweis auf IB sein. Auch Hitze kann, aufgrund der geringeren Futter- und höheren Wasseraufnahme der Tiere, einen Einfluss haben.

Hellere Dotter

Die Dotterfarbe hängt von der Farbstoffaufnahme über das Futter ab. Sie ist steuerbar durch Lebensmittelfarben im Futter (Supermarkteier!) und durch natürliche Rohstoffe (fettlösliche Farbstoffe wie Carotinoide von Möhren). Durch einen Wurmbefall (siehe Seite 24) insbesondere mit Spul- und Haarwürmern können hellere Dotter entstehen. Zum einen fressen die Würmer die für die Dotterfarbe verantwortlichen Carotinoide weg, zum anderen schädigen sie die Darmwand, wodurch die Nährstoffaufnahme gestört ist.

Kotverschmierte Eier

Krankhaft bedingter Durchfall und aus anderen Gründen dünnflüssiger Kot, zum Beispiel auch durch zu hohen Salzgehalt des Futters (über 0,2 %), können zu kotverschmierten Eiern führen.

Mit Kot und einer Feder verschmierte Eier.

Wenn sich Hühner in den Nestern verstecken oder dort übernachten und koten, findet man mit Kot verschmutzte Eier. Das Übernachten in den Nestern gilt es zu verhindern. Beispielsweise sollten die Sitzstangen höher als die Nester angebracht sein, damit keine Henne im Nest übernachten möchte.
Dreckige Füße können ebenfalls Kot in die Nester tragen.

Hühner koten oft direkt nach dem Fressen. Also besser nicht während der Hauptlegezeit extra füttern! Außerdem bringt das Unruhe zu sensibler Stunde.

Weiße Schlieren

Weiße Schlieren auf den Eiern stellen die Harnanteile dar und können auf Nierenprobleme oder Gicht hindeuten.

Mit Eigelb verschmierte Eier

Findet man mit Eigelb verschmierte Eier im Nest vor, wurden umliegende Eier meist aufgrund dünner Eischalen zerstört oder gefressen.

Kalkstippel und raue Eier

Zu Beginn der Legeleistung und bei einem unausgewogenen Verhältnis von Vitamin D und A kann die Glätte der Eischale verändert sein.

Bei Vitamin-D- oder Kalküberschuss im Futter, bei Stress während der Schalenbildung oder wenn die Henne zu spät ihr Ei legt (zu wenig Nester, das Ei verbleibt zu lange im Uterus) kann es zu Kalkstippeln auf dem Ei kommen. Wird der Prozess der Kalziumablagerung durch Stress gestört, kann das zu verschiedenen, unregelmäßigen Ablagerungen führen, die das Ei komplett oder teilweise überziehen. So kann eine geriffelte Spitze mit zusätzlichen Kalkablagerungen bei Stress entstehen, wenn das Ei zu lange im Legetrakt verblieben ist. Auch eine defekte Schalendrüse kann weiße, unregelmäßig geformte Flecken auf dem Ei zur Folge haben.

Weiße Auflagerungen.

Sind Eier mit Eigelb verschmiert, dann muss das Nest gesäubert werden.

Dieses Ei wurde am späten Nachmittag gelegt und hat zur Hälfte eine zusätzliche, dunklere Schicht, die sich mit feuchtem Fingernagel abkratzen lässt.

Kalkstippel.

Eine raue Schale an einem Pol.

Braune Eier wirken durch eine zusätzliche Kalziumschicht manchmal pink- bzw. fliederfarben. Gründe dafür können stressbedingt zu spätes Ablegen oder ein Kalziumüberschuss im Futter sein. Reibt man mit nassen Fingern über das Ei, kommt die echte Farbe zum Vorschein.

Körnige Auflagerungen, die das Ei überall oder stellenweise wie Schmirgelpapier erscheinen lassen, können auch bei Erkrankungen wie IB vorkommen. Dabei handelt es sich dann um abgelöste Gewebeteile des Eileiters.

Eine raue und gleichzeitig dünne Eierschale kann bei einem Kalkmangel vorkommen.

Falten an der Spitze

Wenn das Ei durch Stress zu lange im Legedarm verblieben ist, können an der Spitze manchmal Falten entstehen.

Sandkopfeier

Eier, die am spitzen Pol eine dünne, sandpapierartige Schale haben, können auf eine Infektion mit Mykoplasmen hinweisen.

Schwarze, krabbelnde Pünktchen

Bei Befall mit der Nordischen Vogelmilbe (siehe Seite 74) kann es passieren, dass diese Parasiten auch auf den Eiern herumkrabbeln.

Deformierte Eier

Die Eiform kann aufgrund von Stress oder Erkrankungen von der Norm abweichen.

Deformationen am Pol mit Zipfel- oder Beulenbildung können beispielsweise ein Hinweis auf ND sein.

Einseitig abgeplattete Eier entstehen, wenn zwei Eier gleichzeitig in der Schalendrüse waren.

Ein repariertes Loch.

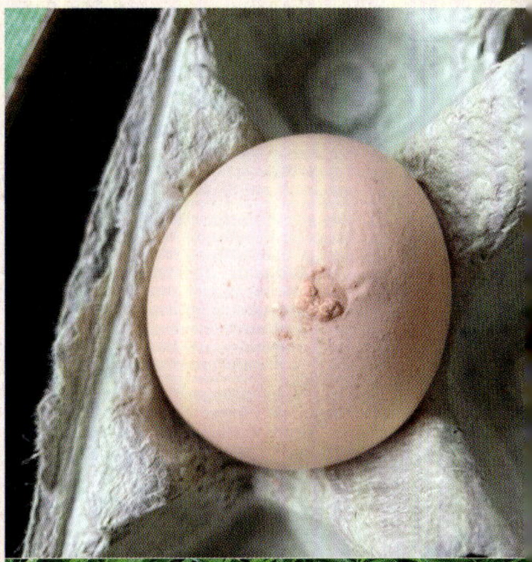

Reparierte Eier

Manchmal findet man Eier mit einem Wulst oder mit „gekitteten" Rissen. Diese Schäden entstehen meist durch Stress bzw. Druck während der Schalenbildung.

Zwergen-Eier

Vielleicht haben Sie sich schon mal über ein niedliches Mini-Ei Ihres Huhnes gewundert, das so klein wie ein Meisen-Ei aussah. Das sind in der Regel Eier ohne Dotter, die meist zu Anfang oder gegen Ende einer Legeperiode gelegt werden. Dieses Phänomen kann auftreten, wenn Gewebestücke oder Blutklumpen vom Eileiter abgehen, was die Eiklar- und Schalenbildung stimuliert. Ein anderer Grund kann darin bestehen, dass der Dotter geplatzt ist, resorbiert wurde und sich Eiklar um die Dotterhaut gebildet hat.

Erfolgloses Nestaufsuchen

Manchmal geht eine Henne ins Nest, ohne ein Ei zu legen. Es kann sein, dass der Henne vorzeitig ein Windei (siehe Seite 52) abgegangen war, zum Beispiel nachts auf der Sitzstange. Das Eiablageverhalten wird aber vom Zeitpunkt der Ovulation gesteuert, sodass die Henne pünktlich das Nest aufsucht, auch wenn das Ei schon raus ist.

Ein weiterer Grund kann „internes Legen" sein: Hierbei ovulieren die Dotterkugeln in die Bauchhöhle, was bei Infektionen, Defekten oder Passagestörungen im Legedarm vorkommen kann. Wenn keine Bakterien da sind, kann ein einzelner Dotter in der Bauchhöhle resorbiert bzw. aufgenommen und somit abgebaut werden. Sammeln sich aber mehrere Dotter im Bauchraum an, übt das Druck auf die inneren Organe und die Atmung aus. Das Huhn nimmt dann eine aufrechte „Pinguinhaltung" ein. Die Dotter sind ein idealer Nährboden für Bakterien, sodass eine lebensbedrohliche Bauchfellentzündung entstehen kann. Manchmal gelangen auch Eier samt Schale in den Bauchraum. Beim „internen Legen" besteht generell die Gefahr einer Schädigung und Infektion der Bauchhöhle.

Außerdem kommt Legenot (siehe Seite 42) infrage, das Ei kann also nicht abgesetzt werden.

Das Zwergen-Ei ist wirklich klein … und ohne Dotter.

Es juckt! Milben, Federlinge und Co.

Es gibt eine Vielzahl an Plagegeistern, die auf der Haut und im Gefieder unserer Hühner parasitieren und sich negativ auf die Tiergesundheit auswirken. Zu diesen sogenannten Ektoparasiten zählen verschiedene Milben, Zecken, Federlinge und Flöhe.

Hühner mit vielen Federn, zum Beispiel an den Beinen oder auf dem Kopf, sind hier besonders anfällig, aber auch kurzschnäblige Rassen. Es empfiehlt sich daher, diese Kriterien bei der Rassewahl mit zu bedenken.

Zur Gefiederpflege ist das Sandbaden der Hühner essenziell. Hierbei reiben sie ihr aufgeplustertes Gefieder im Sand und bringen durch Flügelschlagen und Scharr- und Pickbewegungen den Sand zwischen die Federn. Die Funktion des Sandbadens besteht anscheinend darin, Ektoparasiten und Lipide aus dem Gefieder zu entfernen sowie das Gefieder dunsiger und somit besser wärmeisolierend zu machen. Kontrollieren Sie dennoch regelmäßig das Gefieder auf Parasitenbefall.

Rote Vogelmilbe

Allgemein

Die Rote Vogelmilbe ist etwa 0,5 – 1 mm groß und versteckt sich tagsüber in Ritzen, Spalten, unter Abdeckungen und unter Sitzstangen (dort, wo sie aufliegen), um nachts zu den Hühnern zu krabbeln und dort Blut zu saugen. Daher rührt ihr Name: Die an sich graue Milbe wird nach der Mahlzeit rot. Gerade Hühner mit geringem Körpergewicht laufen Gefahr, in der Folge an Blutarmut zu sterben.

Der Milbenbefall stört die Nachtruhe der Tiere, verursacht Schmerzen und Juckreiz und kann zu Aggression, Federpicken und Kannibalismus führen. Da die Hühner nachts die Schale der Eier bilden, ist bei nächtlicher Unruhe die Schalenbildung gestört. Aber auch der Blutverlust und der Stress tragen dazu bei, dass die Hühner vermehrt Eier mit dünnerer, brüchiger Schale legen.

Des Weiteren können die Milben eine Reihe an Viren und Bakterien übertragen. Bei starkem Befall können die Milben sogar auf den Menschen gehen.

Erkennen

- Die Rote Vogelmilbe sorgt durch den Juckreiz für nächtliche Unruhe. Die Hühner kratzen und bepicken sich. Bei heftiger Befallsstärke kann es vorkommen, dass sie nachts den Stall oder ihre Schlafplätze nicht mehr aufsuchen möchten.
- Durch den Blutverlust haben stark befallene Hühner einen blassen Kamm. Manche verenden nachts auf den Sitzstangen und liegen morgens tot im Stall. Die vollgesogenen, roten Milben findet man dann auch noch auf dem toten Körper. Nehmen Sie gegebenenfalls eine Lupe zu Hilfe.
- Ob Rote Vogelmilben im Stall vorkommen, lässt sich mittels Klebeband feststellen. Dazu bringt man doppelseitiges Klebeband unter den Sitzstangen an, zusätzlich eventuell neben den Sitzstangen und im Nest. Man kann auch eine leere Klopapierrolle unten an der Sitzstange befestigen. Nach ein paar Tagen kontrolliert man, ob ein schwarzer bzw. roter Belag am Klebeband bzw. in der Papprolle vorhanden ist. Wenn Milben vorhanden sind, werden sie sich in dem Röhrchen verstecken. Auf diese Weise lässt sich die Befallsstärke kontrollieren. Durch mehrtägiges Einfrieren der Klopapierrolle tötet man vorhandene Milben ab, bevor man sie entsorgt.
- Kontrollieren Sie nachts den Stall und die Hühner. Vielleicht sehen Sie winzige Pünktchen am Tier oder auf den Wegen auf den Sitzstangen krabbeln.

Ursachen

- Überträger können Spatzen oder andere Wildvögel sein. Die Rote Vogelmilbe lebt nicht auf dem Huhn, sondern in seiner Umgebung, und sucht es nur für ihre Blutmahlzeit auf.

- Eine gründliche Reinigung des Stalles ist also extrem wichtig. Die Milbe kann erstaunlich lange ohne Blut überleben, außerdem lange Strecken zurücklegen und somit wieder in den Stall zurückkommen!
- Wie schnell sich die Milbe entwickelt, hängt von den Witterungsverhältnissen ab. Der Entwicklungszyklus der Roten Vogelmilbe ist bei hohen Temperaturen und hoher Feuchtigkeit extrem kurz. Halten Sie also besonders im Sommer ab 15 bis 20 Grad den Befall im Auge, denn gerade zur warmen Jahreszeit kann es explosionsartig zu Problemen mit der Milbe kommen.

Vorbeugen

Einen Befall mit der Roten Vogelmilbe in den Griff zu bekommen ist aufwendig. Daher steht die Vorbeugung an erster Stelle:

- Da die Milben nachts aus den Ritzen und über die Sitzstangen zu den Hühnern krabbeln, kann man ihnen einfach den Weg versperren. Das geschieht durch Milbenfallen an den Enden der Sitzstangen, die mit Öl gefüllt werden. Milbenfallen lassen sich aus Konservendosen selbst bauen oder käuflich erwerben. Die Milben müssen diese Route zwangsläufig zu den Hühnern nehmen und ertrinken vorher in den Fallen. Dies ist der wirksamste Schutz, deshalb gilt: Kein Stall ohne Milbenfallen!

Milbenfalle. Die Enden der Sitzstange haben keine Berührung mit der Stallwand.

- Achten Sie beim Stallbau darauf, Ritzen und Spalten im Stall zu vermeiden. Ansonsten kann man sie mit Silikon ausspritzen, um den Milben ihre Versteckmöglichkeiten zu nehmen. Plastik- und Metallställe haben glatte Wände und lassen sich leicht reinigen, sie sind also besonders milbenfeindlich. Holzställe **sollten jährlich gekalkt werden.**
- Ritzen und Nester im Stall sowie die Auflageflächen der Sitzstangen (z. B. im U-Profil) können Sie mit Kieselgur behandeln. Das Pulver verletzt den Chitinpanzer der Milben, sodass sie austrocknen. Außerdem setzt es sich in die Gelenkspalten der Schädlinge und führt dort zu Verletzungen. Wichtig ist, beim Ausbringen von Kieselgur eine Atemschutzmaske gegen den Feinstaub zu tragen.
- Man kann die Sitzstangen insbesondere von unten mit **Öl** einpinseln, was aber eine große Sauerei und Kleberei ist. Öl auf den Laufwegen der Milben lässt die Milben verkleben, sodass diese kaum weiterlaufen können. Die Stangen wechseln Sie nach der Behandlung am besten durch neue aus.
- **Heu** ist für die Nester besser geeignet als Stroh, da die Milben in den Strohhalmen sitzen können.
- Sprühen Sie **Ballistol** in noch vorhandene Ritzen und Spalten des Stalles oder streuen Sie Kieselgur hinein.
- Verhindern Sie so gut es geht, dass **Wildvögel** wie Spatzen in den Stall fliegen.

Rote Vogelmilbe in der Stalleinrichtung.

> **Tipp**
> Lege- und Brutnester sollten leicht zu reinigen sein. Beispielsweise bieten sich Katzenklos aus Plastik an, die sich gut ausspülen lassen. Ein traditionelles Hausmittel zur Abschreckung von Parasiten ist das Ablegen von Lavendel, Walnussblättern, Rosmarin, Citronella, Knoblauch oder Farn in die Lege- oder Brutnester. Auch das Nest mit Kieselgur zu bestäuben kann gegen Parasiten wirken.

- **Knoblauch** oder Knoblauchöl im Futter oder Knoblauch übers Wasser schreckt Milben ab. Es gibt im Handel sogar **spezielle Futtersorten** zur Milbenabschreckung mit ätherischen Ölen oder Kräuterzusätzen.
- Eine Nassreinigung des Stalles, am besten mittels **Hochdruckreiniger**, sollte eine regelmäßige Hygienemaßnahme sein, um Erreger und Parasiten hinauszuspülen.
- Einige Hühnerhalter hängen traditionell Kräuter, beispielsweise Wermut, Rainfarn, Lavendel, Citronella, Salbei, Rosmarin oder Basilikum in den Stall.

Behandeln

Ist die Rote Vogelmilbe im Stall, gibt es verschiedene Möglichkeiten, um sie loszuwerden:

- Bei einem bestehenden Befall kann man unter Einhaltung aller Sicherheitsmaßnahmen den Stall abflammen und die Einstreu und das Nistmaterial verbrennen.
- Alternativ lässt sich eine heiße Nassreinigung durchführen. Bei Temperaturen über 45 °C gehen die Milben ein.
- Ein Hochdruckreiniger entfernt die Milben aus dem Stall.
- Sie können beim Tierarzt ein Mittel kaufen (Wirkstoff Fluralaner), das den Hühnern nach Anweisung über das Wasser gereicht wird und die Milben tötet. In der Regel muss man es zweimal im Abstand von 7 Tagen über das Tränkwasser verabreichen, da man im ersten Durchgang nur die blutsaugenden Milben, nicht aber die Eier und Larven erwischt.
- Es gibt bestimmte Raubmilben, die die Rote Vogelmilbe fressen und die man im Stall aussetzen kann. Solche Raubmilben erhalten Sie im Fachhandel. Wichtig hierbei ist, dass die Menge stimmt: Es dürfen nicht zu wenige sein, die dann der Situation nicht Herr werden, aber auch nicht zu viele, weil sie sich sonst gegenseitig auffressen. Hierbei darf man natürlich keine anderen Maßnahmen gegen Milben treffen, da sonst auch die Raubmilben sterben.
- Falls nicht alle Milben und Milbeneier entfernt werden konnten, muss eine Reinigung je nach Witterung nach 4 bis 29 Tagen wiederholt werden. Bringen Sie in

jedem Fall in der Zwischenzeit die Milbenfallen an und treffen Sie auch alle anderen Maßnahmen der oben beschriebenen Vorbeugung.

- Kontrollieren Sie bei wiederkehrendem Befall auch die Umgebung des Stalles auf Milbenverstecke, weil die Milbe womöglich von außerhalb immer wieder zurückkehrt.
- Falls Sie den Befall dennoch nicht in den Griff bekommen, sollten Sie den Tierarzt aufsuchen.

Tipp

In der Regel bekommt man bei Beachtung aller wichtigen Punkte die Milben mit natürlichen Mitteln in den Griff. Der Einsatz von Insektiziden ist selten nötig und gerade bei Haustieren, deren Eier man essen möchte, ungünstig. Beachten Sie auch bei Desinfektionsmitteln, die Sie gegen die Rote Vogelmilbe einsetzen möchten, die Giftigkeit und Anwendungshinweise. Benutzt man zum Beispiel Chlor-Kresol als Desinfektionsmittel, werden zwar auch die Eier der Milben erfasst, aber die Hühner dürfen keinen Kontakt mit dem Mittel bekommen. Außerdem ist es wassergefährdend und darf nicht in die Kanalisation gelangen.

Nordische Vogelmilbe

Allgemein

Die Nordische Vogelmilbe ist bis knapp 1 mm groß, ernährt sich vom Blut der Hühner und lebt im Gegensatz zur Roten Vogelmilbe ständig auf dem Huhn. Sie legt ihre Eier ins Gefieder und entwickelt sich – auch im Gegensatz zur Roten Vogelmilbe – bei kälterem Wetter besonders schnell. Die Hühner stecken sich über Wildvögel oder zugekaufte Hühner an. Der Parasit kann Krankheiten übertragen und auch beim Menschen Blut saugen.

Erkennen

Die Nordische Vogelmilbe verursacht Juckreiz und teilweise Blutarmut bei den befallenen Hühnern, wodurch die Legeleistung zurückgehen kann. Oft sieht man die winzigen, fixen dunkelroten bis schwarzen Milben auf den Hühnereiern und auf der Haut des Huhns krabbeln, besonders rund um die Kloake, den Schwanz, den Rücken und die Beine. Manchmal sind um die Kloake herum die Federn durch den Befall schwarz und die Haut ist schorfig-schwarz gefärbt. An befallenen Stellen sieht das Gefieder verfilzt aus.

SCHON GEWUSST?

Der Hahn kann beim Tretakt Parasiten, insbesondere auch Hautmilben, von einer Henne auf die andere übertragen. Sollten Sie in Ihrem Bestand große Probleme mit Ektoparasiten haben, müssten Sie den Hahn für die Dauer der Behandlung separieren. Grundsätzlich muss er natürlich mitbehandelt werden.

Vorbeugen

- Um keine Parasiten in Ihren Bestand zu holen, sollten Sie vor einem Zukauf kontrollieren, ob die Tiere befallen sind, und nur gesunde Tiere wählen.
- Eine effektive Vorbeugungsmaßnahme gegen jegliche Ektoparasiten sind Sandbäder, am besten versetzt mit Kieselgur.
- Versuchen Sie zu verhindern, dass Wildvögel in den Stall gelangen können.
- Zur Abschreckung der Milben können Sie Knoblauch oder Knoblauchöl im Futter oder übers Wasser geben. Auch die im Handel erhältliche speziellen Futtersorten zur Milbenabschreckung mit ätherischen Ölen oder Kräuterzusätzen sind empfehlenswert.

Behandeln

Gegen die Nordische Vogelmilbe hilft Ballistol. Spreizen Sie die Federn und sprühen die befallenen Bereiche, die krabbelnden Parasiten und die federlosen Stellen täglich mit Ballistol ein, bis der Befall beseitigt ist, und wiederholen Sie diese Prozedur dann sicherheitshalber nach einer Woche. Suchen Sie ansonsten den Tierarzt auf, um medikamentös einzuschreiten.

Hautveränderungen durch die Nordische Vogelmilbe.

Fußräude (Kalkbeinmilben)

Allgemein

Kalkbeinmilben leben vergraben unter den Schuppen der Ständer und Füße von meist älteren Hühnern. Sie verbreiten sich, indem sie über die Sitzstangen von einem Huhn zum nächsten wandern.

Erkennen

Aufgrund der weißen Milbenausscheidungen, die wie Kalk aussehen, heben sich die Schuppen der Ständer und Füße. Die Beine sehen borkig, verkrustet und verdickt aus. Befallene Hühner zeigen Bewegungsstörungen, trippeln oft und leiden unter Juckreiz. Sie picken an den übermäßig verhornten Füßen herum, wodurch diese sich bakteriell infizieren können. Die Kalkbeinmilben selbst sind winzig (unter 0,5 mm) und nur unter dem Mikroskop sichtbar.

Vorbeugen

- Damit sich die Milben nicht so gut von einem Huhn aufs andere verbreiten können, kann man die Sitzstangen mit Öl oder Ballistol einschmieren. Nach erfolgreicher Behandlung ist es angebracht, die Sitzstangen durch neue zu ersetzen. So ist es hygienisch und man spart sich die Reinigung.
- Achten Sie beim Zukauf neuer, insbesondere älterer Hühner darauf, dass sie frei von Kalkbeinmilben sind. Sollten Sie dennoch Milben feststellen, setzen Sie die befallenen Neulinge möglichst so lange in Quarantäne, bis Sie ihre Beine wieder gesund gepflegt haben.

Kalkbeine bei einer Henne.

Behandeln

Behandeln Sie alle Ihre Hühner, auch wenn nur ein paar Tiere betroffen sind. Es gibt verschiedene Methoden, um den Kalkbeinmilben den Garaus zu machen:

- Ein super Mittel ist auch hier wieder **Ballistol**. Das Öl dringt gut in die Spalten der Schuppen ein und erstickt die Milben. Zudem hat es eine hautpflegende Wirkung. Sprühen Sie die Beine und Füße anfangs am besten täglich großzügig ein, später zweimal wöchentlich, bis es zur Heilung gekommen ist. Oft reicht die alleinige Behandlung mit Ballistol.
- Alternativ können Sie die befallenen Beine von oben bis unten in **Pflanzenöl baden** (oder ansonsten dick damit einpinseln), wodurch die kranken Schuppen abfallen und die Beine wieder glatter werden. Je nach Befallsstärke wiederholt man das täglich oder alle paar Tage, bis die Beine wieder normal aussehen. Am einfachsten führen Sie diese Behandlung abends durch, indem Sie Ihre Hühner sanft von der Sitzstange pflücken. Bedenken Sie aber, dass kein großer Stress entstehen darf, weil abends die Schalenbildung stattfindet.
- Damit es die Milben auch tagsüber schwer haben und die Schuppen eine gute Pflege erhalten, kann man die Beine mit Vaseline einschmieren. Auch dadurch ersticken die Milben.
- Vor der Behandlung mit Öl oder Vaseline können Sie die Beine auch erst in **Schmierseife** baden oder Glyzerin benutzen und dadurch dicke Borken aufweichen und entfernen.
- Denken Sie auch daran, den Stall, insbesondere die Sitzstangen, zu reinigen.
- Sollten Sie mit den beschriebenen Behandlungsmethoden die Kalkbeinmilben nicht in den Griff bekommen, sollten Sie den Tierarzt aufsuchen. Er kann Ihren Hühnern ein Medikament verabreichen und Ihnen auch Auskunft zur eventuellen Rückstandsbildung in den Eiern bzw. zur Wartezeit geben.

Federlinge

Allgemein

Federlinge sind – je nach Art – 1 bis 6 mm große Insekten, die im Gefieder von Vögeln leben. Sie ernähren sich von Federn und Haut- bzw. Hornsubstanzen und verursachen Juckreiz und Unruhe. Sie verbreiten sich besonders schnell, wenn die Hühner dicht aneinanderrücken. Ihre Eier kleben sie in Klumpen an die Federkiele. Nach gründlicher Stallreinigung und ohne Wirtstiere überleben Federlinge nicht lange, höchstens 14 Tage, in der Umgebung. Sie sind nicht auf den Menschen übertragbar.

Erkennen

Befallene Hühner kratzen und picken sich und weisen Gefiederschäden auf. Die verschiedenen Federlinge bevorzugen unterschiedliche Körperregionen. Meist sind

Federlinge auf einem Huhn.

sie strohfarben, und am häufigsten findet man sie an den wenig befiederten Stellen unter der Kloake und unter den Flügeln. Sie sind mit bloßem Auge sichtbar und krabbeln schnell weg, wenn man die Federn spreizt. Typischerweise sieht man ihre weißen Eipakete an den Federn unter der Kloake.

Vorbeugen

- Stellen Sie Ihren Hühnern ein sauberes **Sandbad** zur Gefiederpflege zur Verfügung und füllen es gegebenenfalls mit Kieselgur.
- Indem Sie Federn aus dem **Nest** und dem Stall entfernen, nehmen Sie den Parasiten ihre Nahrungsquelle. Die Nesteinstreu muss regelmäßig erneuert und das Nest regelmäßig ausgewaschen werden. Manche Halter legen oder hängen **Kräuter** wie Lavendel, Rosmarin, Thymian, Wermut, Salbei, Rainfarn oder Walnussblätter in Stall und Nester oder sprühen ein Knoblauchspray zur Abschreckung.
- Ein intakter, unkupierter Schnabel ist wichtig für eine effektive Gefiederpflege. Beachten Sie bei der Rassewahl, dass kurzschnäblige Hühner deshalb Probleme haben können.
- Kontrollieren Sie das Gefieder regelmäßig, um rechtzeitig einzuschreiten.
- Setzen Sie neu gekaufte Hühner zunächst in Quarantäne und behandeln Sie sie gegen Parasiten.

SCHON GEWUSST?

Ein zerfleddertes Gefieder kann auf Ektoparasiten hinweisen, aber auch Nährstoffmängel bei falscher Futterzusammensetzung und bei Darmerkrankungen können sich am Gefieder bemerkbar machen.

Behandeln

- Bewährt hat sich die gefahrlose Behandlung mit **Ballistol**. Sprühen Sie die Eipakete, die krabbelnden Parasiten und die nackten Stellen unter den Flügeln großzügig mit Ballistol ein, zunächst möglichst täglich. Durch das Ballistol erstickt das Ungeziefer. Wichtig ist, dass Sie diese Prozedur regelmäßig und konsequent wiederholen, bis Sie keinen einzigen Plagegeist und kein einziges Eipaket mehr entdecken können. Sonst geht nach kurzer Zeit alles wieder von vorne los!
- Die befallenen Federstellen können auch zuvor abgebürstet und abgewaschen werden.
- Führen Sie eine gründliche Stallreinigung durch und entfernen Sie auch die Federn aus dem Auslauf.
- Leider können Sie nie sicher sein, ob Sie bei der Behandlung wirklich alle Eier erwischt haben. Der Entwicklungszyklus von Federlingen dauert etwa 3 Wochen, nach dieser Zeit kommt also aus den Eiern Nachschub. Kontrollieren Sie deshalb sicherheitshalber nach 3 Wochen Ihre Hühner noch einmal und behandeln Sie gegebenenfalls nach.
- Sie können sich auch beim Tierarzt ein Mittel zur Bekämpfung der Federlinge besorgen. Auch diese Behandlung sollte vorsichtshalber etwa nach 3 Wochen wiederholt werden. Beachten Sie die Wartezeit des jeweiligen Produktes.

Hühnerflöhe

Allgemein

Es gibt verschiedene Arten von Hühnerflöhen. Die Tierchen sind etwa 3 mm lang, springen und saugen Blut bei Hühnern, aber auch bei anderen Lebewesen – inklusive dem Menschen. Überträger können Wildvögel oder zugekaufte Hühner sein.

Erkennen

Befallene Hühner weisen oft blasse Kämme, Juckreiz und Einstichstellen auf. Ein starker Befall kann zudem Auswirkungen auf die Legeleistung haben. Die Flöhe können Krankheiten übertragen und die Hühner schwächen.

Vorbeugen

So können Sie einem Befall durch Hühnerflöhe vorbeugen:

- Durch eine regelmäßige und häufige Stallsäuberung verringern Sie das Risiko, dass die Hühner von Flöhen befallen werden.
- Sandbäder, am besten mit Kieselgur versetzt, schützen Ihre Hühner ebenfalls vor Flöhen.

- Versuchen Sie zu verhindern, dass Wildvögel in den Stall eindringen können.
- Wenn Sie Nistkästen von Wildvögeln reinigen, entsorgen sie das Nistmaterial oder verbrennen es.
- Denken Sie auch hier an Quarantäne von Neuzugängen.

Tipp

Glucken werden schnell von sämtlichen Ektoparasiten befallen. Brütend können sie sich nicht ausgiebig der Gefiederpflege widmen und sie können Parasitenansammlungen, die sich in ihrer Nestumgebung befinden, nicht entgehen. Brüten ist anstrengend, ein Befall schwächt sie zusätzlich. So kann es passieren, dass sie tot auf dem Nest gefunden werden, oder aber das Brüten aufgeben und nicht auf die Eier zurückkehren. Außerdem können sie die Quälgeister auf ihre Küken übertragen. Achten Sie daher besonders bei Glucken darauf, dass sie frei von Federlingen und Co. sind und dass sich Brut- und Legenester leicht reinigen lassen.

Behandeln

- Ihre Eier legen Hühnerflöhe in die feuchte Einstreu und ins Nest der Hühner. Daher sind zur Bekämpfung von Flöhen die gründliche, regelmäßige Stallsäuberung und Stallhygiene besonders wichtig! Der Stall muss komplett gereinigt werden; die Einstreu sollte am besten verbrannt und der Stall eventuell abgeflammt oder mit einem Hochdruckreiniger gesäubert werden, da die Entwicklungsstadien der Flöhe lange ohne Nahrung auskommen können. Nach 14 Tagen sollte die Prozedur wiederholt werden, für den Fall, dass im ersten Durchgang nicht alles erwischt wurde.
- **Kieselgur** in der Einstreu und im Nest sind in diesem Fall besonders wichtig.
- Sprühen Sie die Hühner großzügig und mehrere Tage lang am besten abends mit **Ballistol** ein. Spreizen Sie dazu die Federn, um an die Haut und an das Ungeziefer zu kommen.
- Falls Sie den Befall mit den beschriebenen Mitteln gar nicht in den Griff bekommen, sollten Sie den Tierarzt zurate ziehen.

Fußballengeschwüre

Allgemein

Besonders in den großen, kommerziellen Betrieben stehen Fußballengeschwüre, auch Fußballenabszesse genannt, an der Tagesordnung – oft sind bis zu 70 % der Legehennen betroffen. Aber auch in der Gartenhaltung können Fußballenveränderungen ab und zu auftreten. Wenn die Entzündung von oben sichtbar ist und aufplatzt, entsteht eine Wunde, an der auch die Kolleginnen Gefallen finden – Zehenpicken kann sich entwickeln! Im ärgsten Fall verschlimmert sich die Wunde derart, dass eine Amputation der Zehe notwendig ist.

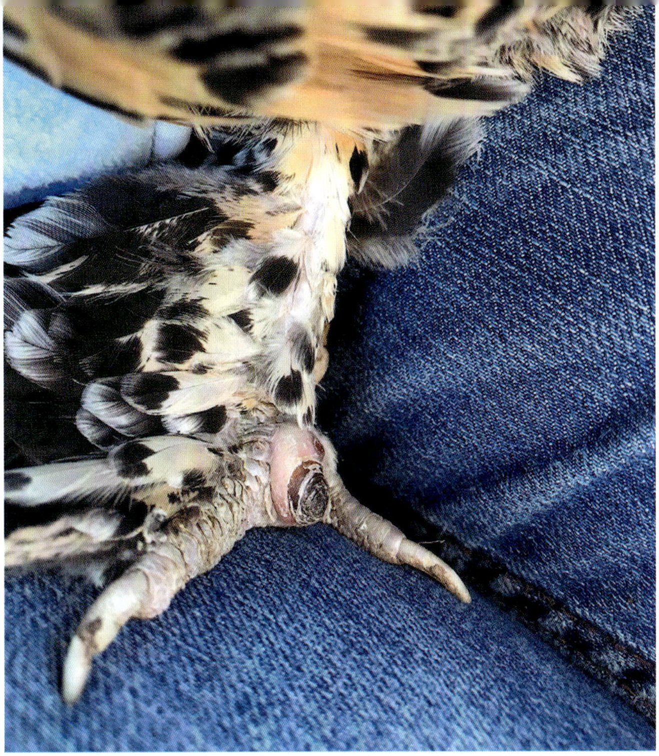

Fußballengeschwür bei einem Federfüßigen Zwerghuhn.

Erkennen

Zu Beginn der Erkrankung findet man meist als Vorstufe der Erkrankung eine übermäßige Verhornung unter den Zehen- oder Fußballen. Im weiteren Verlauf entsteht der Ballenabszess. Unter dem Fuß ist dann eine Schwellung erkennbar, oft mit einem schwarzen Schorf obendrauf. Manchmal sieht der ganze Fuß geschwollen aus und fühlt sich warm an. Hühner mit Fußballengeschwüren humpeln möglicherweise und vermeiden es zu gehen.

Ursachen

Schon **winzige Verletzungen** am Fußballen können Eintrittsspforten für Bakterien sein und dort zu schmerzhaften Infektionen führen.

> Leidet ein einzelnes Huhn an einem Fußballengeschwür, ist es wahrscheinlich, dass der Fußballen, womöglich durch einen Splitter, Scherben, Dornen oder Grannen beschädigt worden ist und sich entzündet hat.

> Sind mehrere Tiere betroffen, liegt der Grund dafür meist an ungünstigen Bedingungen im Stall: **Verkotete, feuchte, rau-splittrige, scharfkantige oder ungünstig geformte Sitzstangen** tun den Fußballen nicht gut, ebenso schädigt eine **feuchte Einstreu** die Fußgesundheit. Runde Sitzstangen führen durch die stärkere Druckbelastung zu mehr Fußballenabszessen als rechteckige.

> **Übergewicht** belastet die Fußballen, insbesondere wenn dicke Hühner von zu hohen Sitzstangen auf einen harten Untergrund herunterspringen müssen, wobei es zu Prellungen der Fußballen kommt.

> Bei **Kälte** werden die Füße weniger durchblutet und sind anfälliger.

> Unausgewogene Ernährung sowie Vitaminmangel lassen die Haut anfälliger werden.

Vorbeugen

- Achten Sie auf saubere, trockene und weiche Einstreu. Getreidestroh ist ungeeignet, da die spitzen Grannen zu Verletzungen an den Füßen führen können.
- Passende Sitzstangen sind hier das A und O! Sie sollten sauber und glatt, aber nicht rutschig sein. Fußballen und Zehen sollten gut unterstützt werden und die Krallen sollten für einen sicheren Halt die Sitzstange umgreifen können. Die optimale Form der Sitzstangen ist pilzförmig. Metallstangen, wie sie oft in kommerziellen Betrieben verwendet werden, sind zu rutschig, zu hart und zu kalt. Runde Sitzstangen sind ungünstig, da der Auflagepunkt zu klein und der Druck auf den Fußballen (und das Brustbein) gerade bei schweren Hühnern somit zu groß wird. Außerdem haben Hühner auf runden Sitzstangen wenig Halt. Besser sind abgerundete Kanthölzer aus unbehandeltem Holz, zum Beispiel Dachlatten von ungefähr 5 mal 3 cm. Bei Zwerghühnern kann die schmale Seite oben sein, bei großen Hühnern die breite Seite. Die genaue optimale Größe ist jedoch je nach Rasse verschieden; am besten probieren Sie verschiedene Möglichkeiten aus, indem Sie die Hühner zuvor auf den Sitzstangen Probe sitzen lassen und sich anschauen, wie die Füße aufliegen. Wenn Sie verschieden große Hühner haben, können Sie verschiedene Sitzstangen anbieten und beobachten, wie sie genutzt werden.
- Statt der Dachlatten kann man auch Äste benutzen – achten Sie aber darauf, dass keine Astgabeln auf der Sitzfläche herauspieksen. Äste haben keinen gleichmäßigen Durchmesser, sodass die Fußmuskulatur schön trainiert wird.
- Sitzstangen sollten nicht zu hoch angebracht sein, damit die Hühner beim Herunterfliegen nicht zu heftig auf dem Boden landen. Idealerweise bietet man eine Hühnerleiter an.

Behandeln

- Überprüfen Sie, ob in Ihrem Stall die Bedingungen für eine gute Fußgesundheit gegeben sind, und nehmen Sie gegebenenfalls Änderungen vor.
- Am besten suchen Sie einen Tierarzt auf. Er kann die Schwellung medikamentös behandeln oder den Abszess mit einem scharfen Messer eröffnen, ausräumen und eine Wundbehandlung durchführen. Ansonsten gehen Sie wie folgt vor:
- Tragen Sie Einmalhandschuhe.
- Ist der Abszess noch geschlossen, baden Sie den Fuß etwa 10 Minuten lang in warmem Epsomsalzwasser, das wasserlösliches Magnesiumsulfat enthält und hilft, die Kruste weicher zu machen, um den Abszess zu öffnen. Wenn sich der Schorf danach noch nicht gut entfernen lässt, tragen Sie gegebenenfalls mit einem Stück einer Kompresse eine Ringelblumensalbe oder eine Zugsalbe aus der Apotheke auf und legen einen selbsthaftenden Verband um den Fuß (bei Wirkstoffen mit Ammoniumbituminosulfonat besteht bei Eiern eine Wartezeit von 10 Tagen). Wiederholen Sie dies alle 1 bis 2 Tage, bis sich der Schorf lösen lässt.

Optimale Umgreifung der Sitzstangen. So entsteht wenig Punktbelastung an den Sohlen.

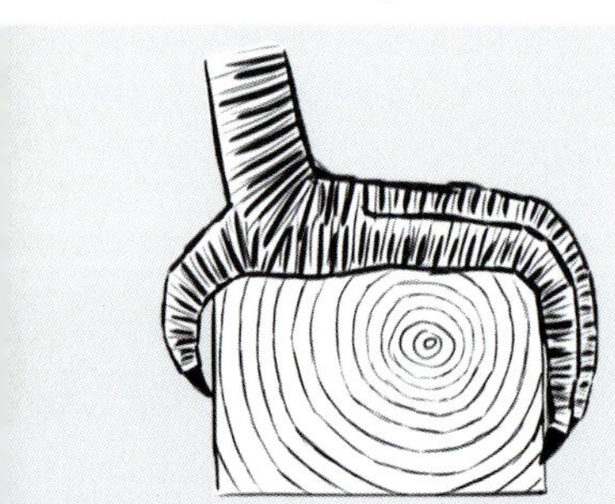

- Ist der Schorf entfernt bzw. das Geschwür schon offen, zieht man die Haut etwas zur Seite, um den bei Hühnern käsigen, pastösen Eiter herauszudrücken. Eventuell kann eine Pinzette hilfreich sein, um den Rest zu beseitigen. Danach badet man den Fuß in einer Kochsalzlösung oder spült ihn damit (nadellose Spritze verwenden), um die Wunde komplett zu säubern, und desinfiziert die Wundhöhle mit einer Jodlösung. Anschließend wird eine jodhaltige Wundsalbe aufgetragen und ein gepolsterter, nicht mit der Wunde verklebender Verband (nicht rot, die Hühner picken daran!) angelegt. Um den Druck auf die Wunde zu mindern, kann man unter den Verband auch erst ein zurechtgeschnittenes Stückchen Schaum von einer Schwimmnudel unterlegen, am besten in Form eines Rettungsrings, wodurch die Wunde in der Mitte frei schwebt und druckfrei liegt.
- Wiederholen Sie die Wundbehandlung alle 1–2 Tage und halten das Huhn während der Heilung in einer sauberen Umgebung ohne Sitzstangen, sodass der Fußballen nicht durch Auf- und Abspringen belastet wird. Sie können zum Beispiel eine Box mit weichen, frischen Handtüchern ohne Einstreu auslegen und den Kot regelmäßig entfernen, damit er nicht in die Wunde gelangt. Im Notfall, wenn ein Fußverband nicht möglich ist, könnte das Huhn für ein paar Tage eine Hühnerwindel tragen. Reinigen und desinfizieren Sie die Wunde ansonsten zweimal täglich.
- Insbesondere bei üblen Gerüchen oder einem hochgradigen Ballengeschwür sollte man sich nicht selbst am Huhn versuchen, sondern einen Tierarzt aufsuchen. Er wird eventuell auch ein Schmerzmittel und gegebenenfalls ein Antibiotikum verschreiben, denn Fußballengeschwüre können sich auf die weitere Umgebung wie Knochen und Sehnen ausbreiten. Eventuell können Erreger sogar in die Blutbahn gelangen. Auch für das korrekte Anlegen eines Verbandes ist man beim Tierarzt am besten beraten.

Verband beim Federfüßigen Zwerghuhn mit Fußballengeschwür.

SCHON GEWUSST?

Zur **Schmerztherapie** bei Hühnern ist nach Umwidmung durch den Tierarzt der verschreibungspflichtige Wirkstoff Meloxicam (z. B. je nach Fall 1 mg/kg pro Tag, Wartezeit Eier: mindestens 10 Tage) möglich. Hier besteht Vorsicht bezüglich Niere, Leber, Blutgerinnung, Blutdruck und Verdauungstrakt. Ihr Tierarzt wägt den Einsatz von Meloxicam gründlich ab und zieht auch Wechselwirkungen mit anderen Medikamenten in Betracht. Außerdem berät er Sie bei legenden Hennen zu der aktuell empfohlenen Wartezeit bei Eiern, die dosis- und studienabhängig über der gesetzlich vorgeschriebenen liegen kann (17–36 Tage). **Empfehlung:** Sicherer ist es, pflanzlich gegen Schmerzen und Entzündung vorzugehen. Alternativ zu Schmerzmedikamenten können Sie selbst Weidenrinde und Mädesüß verabreichen. Dies ist in der Regel gut verträglich, Weidenrinde sollte aber auch nicht bei Blutungen gegeben werden. **Dosierung:** Übergießen Sie 30 g der getrockneten Kräutermischung mit etwas heißem Wasser, lassen es 15 Minuten ziehen und mischen es mit 1 kg Futter. Alternativ können Sie einen Tee aus etwa 5 bis 6 g Weidenrinde-Mädesüßmischung pro Liter zubereiten und anbieten. Bei – meist guter – Akzeptanz kann die Konzentration erhöht werden. Neben Weidenrinde und Mädesüß kommen zur Schmerzmilderung und Entzündungshemmung beispielsweise Gänsefingerkraut (wirkt auch blutstillend und krampflösend), Lavendel, Teufelskralle und Ingwer in Frage.

Kammgrind

Allgemein

Kammgrind ist eine Pilzinfektion der Haut. Ein höherer Befall kann zu Abmagerung und gestörtem Allgemeinbefinden führen.

Erkennen

Mehlartige, grauweiße Beläge an den Kopfanhängen und an den unbefiederten Stellen um Auge, Schnabelwinkel und Ohrscheibe herum können ein Hinweis auf Kammgrind sein. Bei weiterer Ausbreitung kann es zu rundlichen Plaques, die die Federfollikel umschließen, zu Federverlust und borkigen Krusten an Kopf und Nacken kommen. Durch ein Hautgeschabsel kann ein Tierarzt den Verdacht bestätigen.

Ursachen

Kammgrind kann man sich durch Zukauf erkrankter Tiere oder durch kontaminierte Einstreu in die Herde einschleppen. Hoher Tierbesatz in zu dunklen, zu

Achten Sie auf weißliche Veränderungen am Kamm. Hier sieht man ansatzweise Aufhellungen.

feuchten und zu warmen Ställen, ein geschwächtes Immunsystem sowie eine vorgeschädigte Haut fördern die Pilzerkrankung.

Vorbeugen

- Achten Sie beim Zukauf darauf, ob in der Herde des Verkäufers betroffene Tiere sind, und sehen Sie gegebenenfalls von einem Kauf ab.
- Wenn Sie mit Ihren Hühnern auf Ausstellungen gehen, baden Sie sie nicht übermäßig. Häufiges Baden kann die Pilzerkrankung begünstigen, ebenso kann sich das Huhn auf Ausstellungen die Pilzsporen einfangen.
- Lassen Sie Ihre Hühner viel im Freien und im Sonnenlicht laufen.
- Regelmäßiges Ausmisten und Reinigen des Stalles ist angesagt, denn Pilzsporen können sich durch Einstreu verbreiten.
- Die Stärkung des Immunsystems durch eine vitaminreiche und darmfreundliche Ernährung der Hühner spielt eine wichtige Rolle, denn eine Immunsuppression begünstigt die Entstehung von Kammgrind, ebenso wie eine vorgeschädigte Haut.

Behandeln

- Betroffene Hühner müssen isoliert werden, um die Ausbreitung innerhalb der Herde zu verhindern. Gesunde und befallene Tiere sollten nicht nur durch einen Zaun, sondern auch durch größeren Abstand voneinander getrennt sein, um die Übertragung zu verhindern.
- Entmisten, reinigen und desinfizieren Sie den Stall, in dem die befallenen Hühner waren, um die Pilzsporen zu beseitigen. Tragen Sie Einmalhandschuhe, wenn Sie ein befallenes Tier behandeln, da der Erreger auch auf den Menschen übergehen kann. Schuhe, Kleidung und Gegenstände, die Kontakt zu infizierten Tieren hatten, können die Krankheit auf die gesunden Hühner übertragen. Wechseln Sie also die Kleidung, bevor Sie zu den gesunden Hühnern gehen.
- Schmieren Sie die befallenen Körperstellen möglichst täglich mit einer jodhaltigen Salbe (oder gegebenenfalls einem antimykotischen Mittel vom Tierarzt) ein. Benetzen Sie den gesamten Kamm, wenn er einige weißliche Stellen aufweist.

Tipp
Die Behandlung von Kammgrind ist oft eine langwierige Geschichte, gerade wenn er weit fortgeschritten ist. Verlieren Sie nicht die Geduld! Sollten Sie erste kleine, weißlichgraue Stellen am Kamm entdecken, beginnen Sie daher sofort mit der Behandlung – umso schneller bekommen Sie das Problem in den Griff. Ansonsten suchen Sie den Tierarzt auf.

- Eventuell müssen gröbere Beläge und Borken erst gelöst werden. Verwenden Sie in dem Fall eine Zeitlang vorab Ballistol oder Pflanzenöl, am besten Knoblauchöl, auf den betreffenden Stellen. Für die Herstellung von Knoblauchöl quetschen Sie Knoblauchzehen und legen sie für vier Stunden in der vierfachen Menge Olivenöl ein. Mit der Zeit lassen sich die Beläge abreiben bzw. mit einem Pinsel oder einer Zahnbürste abbürsten. Arbeiten Sie ab jetzt mit der jodhaltigen Salbe.
- Unterstützen Sie die Heilung der Haut durch Vitamin-A-Gaben. Lassen Sie die Hühner möglichst in die Sonne gehen. Sonnenlicht trägt zur Heilung der Pilzerkrankung bei.
- Besteht keine Möglichkeit der Isolation der betroffenen Tiere, so behandeln Sie die gesamte Herde. Beginnen Sie dabei stets mit den gesunden Tieren, aber desinfizieren Sie sich nach jedem Huhn – ob gesund oder infiziert – die Hände, bevor Sie das nächste behandeln, um nichts von einem aufs andere Huhn zu übertragen.
- Reinigen und desinfizieren Sie nach Genesung das Quarantäneabteil und integrieren Sie die genesenen Hühner langsam in die alte Gruppe (siehe Seite 105).

Hautverletzungen

Allgemein

In der Regel schützt das Gefieder unsere Hühner größtenteils vor schadhaften, äußerlichen Einwirkungen. Die unbefiederten Stellen sind weniger geschützt und werden daher schneller verletzt. Wichtig zu wissen: Blutige Wunden animieren andere Hühner zum Picken, sodass es durch sogenannten Kannibalismus zu weiteren, schweren, oft sogar tödlichen Schädigungen kommen kann.

Erkennen

Oftmals gibt es am Kamm Verletzungen durch Picken oder „brutale“ Hähne beim Tretakt. Blutspuren im Stall oder am Körper des Huhnes weisen auf Verletzungen hin, ebenso kahle Stellen im Gefieder oder klaffende Hautwunden.

Ursachen

Es gibt verschiedene Ursachen für Verletzungen bei Hühnern. Gängig sind Attacken, etwa durch Hunde oder Greifvögel, den Tretakt des Hahnes oder Rangordnungskämpfe, wobei bei letzterem die Verletzungen selten tief sind. Überlange

Hier sieht man die ersten Spuren vom Tretakt des Hahns: Das Gefieder hinter dem Kamm ist schon ein wenig ausgedünnt.

Krallen können schneller eingeklemmt werden und auf Grund ihrer Schärfe andere Tiere verletzen. Ein langer Sporn der Hähne stellt ebenso ein Verletzungsrisiko dar. Kahle Stellen hinter dem Kamm und auf dem Rücken entstehen auch, wenn ein Hahn die jeweilige Henne zu oft tritt. Eine starke Federhaubenbildung kann nicht nur zu vermehrter Ansiedelung von Parasiten führen, sondern auch die Augen reizen und die Sicht behindern, sodass diese Hühner schneller Opfer von Attacken durch andere Tiere werden können. Auch Hühner mit eingeschränkter Bewegungsfähigkeit durch übermäßige Latschenbildung oder Flugunfähigkeit können manchmal nicht schnell genug flüchten, um sich in Sicherheit zu bringen.

Vorbeugen

- Schützen Sie Ihre Hühner in Gegenden mit Raubtieren oder Greifvögeln durch einen entsprechenden Zaun und ein Netz, das den Auslauf überspannt.
- Bieten Sie Ihren Hühnern ausreichend Unterschlupf- und Versteckmöglichkeiten im Freilauf an.
- Halten Sie Hühner jagende Hunde fern.
- Stall und Auslauf sollten sicher vor Marder, Fuchs, etc. sein.
- Im Freilauf kann ein warnender Hahn für mehr Sicherheit sorgen.
- Kommt bei Ihnen aktuell ein hohes Aufkommen von Greifvögeln vor, so sollten Sie Ihre Hühner nur unter Aufsicht freilassen. Dies können Sie oder Ihr – natürlich hühnerkompatibler – Hund sein. Manche Hühnerhalter haben Erfolge mit der gemeinsamen Haltung von Hühnern und anderen Tierarten wie Ziegen, Alpakas oder Perlhühnern, die eine schützende Funktion erfüllen. Und auch ein Radio mag eine abschreckende Wirkung haben!
- Halten Sie die Krallen durch genügend Scharr- und Bewegungsmöglichkeiten kurz (nicht länger als etwa 1 cm) und die Sporne der Hähne abgerundet und nicht zu lang, damit es beim Tretakt und bei Auseinandersetzungen nicht zu bösen Verletzungen kommt.
- Bieten Sie genügend Platz und Versteckmöglichkeiten im Auslauf an, damit rangniedrige Tiere ausweichen können.

- Integrieren Sie neue Hühner erst nach einer Kennenlernzeit durch einen Zaun. Je nach Temperament können 1 bis 2 Wochen angebracht sein.
- Achten Sie darauf, dass sich Ihre Hühner nicht in Zäunen oder Winkeln verheddern können.
- Ein Hahn sollte genügend Hennen haben, damit das Gefieder und die Haut der Hennen nicht zu sehr in Mitleidenschaft gezogen werden. Je nach Aktivität des Hahns kann ein Verhältnis von 1:7, besser 1:10, ausreichend sein.
- Schädigt ein Hahn seine Lieblingshenne zu sehr, könnte man sogenannte Hühnersättel für den Rücken verwenden.

Behandeln

Wie immer ist es am besten, im Falle von entdeckten Wunden einen Tierarzt aufzusuchen. Dies ist insbesondere angezeigt, wenn es sich um große oder entzündete Wunden und innere Verletzungen handelt. Wenn ein Tierarztbesuch bei kleineren Wunden nicht möglich ist, gehen Sie folgendermaßen vor:

- Offene oder blutende Wunde animieren andere Hühner zum Picken und können zu Kannibalismus führen, sodass Hühner das verletzte Tier oft weiter bepicken und das Gewebe sogar fressen. Isolieren Sie deshalb das verletzte Huhn, damit es nicht Opfer von Kannibalismus wird.
- Ziehen Sie zur Behandlung von Wunden Einmalhandschuhe an.
- Blutende Wunden müssen zunächst durch Ausübung von Druck gestoppt werden. Dazu eignen sich blutstillende Kompressen.
- Säubern Sie die Wunde und entfernen Sie Federn, die in der Wunde liegen, mit einer Pinzette. Schneiden Sie Federn, die in die Wunde ragen, gegebenenfalls mit einer Schere ab. Spülen Sie den Dreck vorsichtig, am besten mit einer 0,9%igen Kochsalzlösung, heraus. Dazu kann man eine Spritze oder zum Beispiel eine kleine, saubere, desinfizierte Gießkanne, alternativ den Wasserhahn oder den Duschkopf benutzen. Achten Sie darauf, dass der Druck nicht zu groß ist, um die Bakterien nicht ins Gewebe zu pressen.
- Desinfizieren Sie die Wunde mit einem nicht schmerzhaften Wunddesinfektionsspray oder einer jodhaltigen Lösung.
- Tragen Sie eine jodhaltige Wundsalbe auf. Eine Wundabdeckung ist insbesondere nötig, wenn das Huhn an der Wunde pickt.
- Kleinere Verletzungen können Sie mit Blauspray pflegen und unattraktiv für Hühner abdecken.
- Halten Sie das Huhn staubfrei in einer Box, möglichst mit Sichtkontakt zu den Gruppenmitgliedern, damit es sich nicht so alleine fühlt und damit es später schnell wieder in die Gruppe integriert wird. Sind je nach Jahreszeit Fliegen vorhanden, bringen Sie die Box jedoch an eine fliegenfreie Stelle, da Fliegen die Wunde mit ihren Eiern oder mit Bakterien verunreinigen können. Legt man die Box mit alten Handtüchern aus, kann das verletzte Huhn nicht sandbaden und keinen Dreck in die Wunde befördern.

Tipp

Wenn das betroffene Huhn nicht besonders zahm ist, wickeln Sie es – je nach Lage der Wunde – am besten in ein Handtuch, um die Wundbehandlung ohne viel Zappelei durchführen zu können.

- Achten Sie darauf, dass das verletzte Huhn frisst, weil es sonst zusätzlich geschwächt wird und Durchfall bekommen kann. Mischen Sie gegebenenfalls Leckereien unter, wie zum Beispiel gekochten Reis, Mehlwürmer, Blaubeeren oder Melone.
- Apfelessig im Trinkwasser fördert die Darmgesundheit und somit das Immunsystem.
- Stärken Sie die Abwehrkräfte durch Kräuter-, Zwiebel- und Knoblauchgaben. Oregano und Brennnessel sind immer hilfreich.
- Kontrollieren Sie die Wunde täglich. Säubern Sie sie gegebenenfalls erneut. Desinfizieren Sie sie jeden Tag und tragen Sie eine Wund- und Heilsalbe auf, um die Wunde feucht zu halten – so heilt sie besser.
- Bei großen oder tiefen Wunden, offenen Brüchen und bei Wunden, die zu eitern anfangen, oder bei gestörtem Allgemeinbefinden muss in jedem Fall schnellstmöglich ein Tierarzt aufgesucht werden. Die Gefahr besteht, dass über die Wunde Erreger in die Blutbahn gelangen. Geben Sie in Absprache mit dem Tierarzt gegebenenfalls ein Antibiotikum, um lokale oder systemische Infektionen zu verhindern.
- Bei starken Schmerzen kann man in tierärztlicher Absprache ein Schmerzmittel verabreichen. Alternativ können Sie mit schmerzlindernden Kräutern arbeiten (Verweis Ballengeschwür).
- Sollten Federpicken und Kannibalismus der Grund für Verletzungen sein – was bei guten Haltungsbedingungen unserer Gartenhühner eigentlich nicht vorkommt – kann man der Gruppe für sieben Tage 1 g Kochsalz auf einen Liter Wasser geben. Dadurch steigt die Wasser- und Futteraufnahme und die Tiere beruhigen sich, die Eigewichte steigen aber auch. Bei zu viel Salz kann es zu dünnflüssigem Kot kommen. Optimieren Sie aber in jedem Fall die Haltungsbedingungen!
- Kommt es durch überlange Schnäbel zu Verletzungen untereinander, haben die Tiere nicht genug Pickmöglichkeiten und die Haltungsbedingungen müssen verbessert werden. Der Schnabel wächst lebenslang, daher brauchen Hühner genügend Möglichkeit, ihren Schnabel beim intensiven Futtersuchen und Futterpicken abzuwetzen. Keineswegs darf der Schnabel gekürzt werden, um Verletzungen durch gegenseitiges Picken zu minimieren. Der Schnabel ist ein hochempfindliches Tastorgan. Deswegen lassen Hühner sich hier meist auch gerne streicheln. Kupiert man den Schnabel, ist dies ein schmerzhafter Prozess und führt zu einem Verlust der sensiblen Sinne sowie schmerzhaften Nervenstumpfverdickungen im Schnabel.
- Aus Tierschutzgründen abzulehnen sind auch sogenannte Hühnerbrillen, die beispielsweise von manchen Züchtern in Hahnengruppen eingesetzt werden, um Kämpfe und Pickverletzungen zu vermeiden. Hühnerbrillen behindern die Sicht und werden auf verschiedene unangenehme Weisen (Riemen, Haken, Durchstechung Nasenscheidewand) befestigt.

Wetterextreme: Hitze und Kälte

Unsere Gartenhühner haben das Glück, Freilauf zu haben und artgerecht mehr oder weniger im Einklang mit der Natur zu leben. Das heißt aber auch, dass sie mit sämtlichen Wetterlagen zurechtkommen müssen. Bei Wetterextremen gilt es daher für den Hühnerhalter, einige Dinge zu beachten, damit die geliebten Tiere fit bleiben. Grundsätzlich verfügen Hühner über Regulationsmechanismen, um sich extremen Temperaturen anzupassen. Außerdem können sie sich innerhalb weniger Tage an Temperaturen akklimatisieren. Dies wiederum bedeutet, dass es zwischen Stall- und Umgebungstemperatur keine großen Unterschiede geben sollte, damit die Akklimatisation klappt. Eine plötzliche Hitzewelle kann für Hühner tödlich sein, weil keine Akklimatisation stattfinden konnte.

Hitzestress

Allgemein

- Hühner können nicht schwitzen, ihr dichtes Gefieder isoliert wie eine dicke Jacke und durch ihren hohen Stoffwechsel mit intensiver Verdauung produzieren sie einiges an Wärme, sodass ihre normale Körpertemperatur bereits bei etwa 41 bis 42 Grad Celsius liegt. Dies führt dazu, dass erwachsene Hühner ungefähr bei Temperaturen **über 28 Grad** oder bei Temperaturen ab 25 Grad und gleichzeitig hoher Luftfeuchtigkeit über 75 % Hitzestress bekommen.
- Bei Hitze beginnen Hühner mit geöffnetem Schnabel zu hecheln, denn die dadurch verdunstete Feuchtigkeit sorgt für Abkühlung. Gerade schwüles Wetter

vor einem Gewitter ist also nachteilig, weil bei hoher Luftfeuchtigkeit die Effektivität des Hechelns begrenzt ist. Abhängig von Luftbewegung und Luftfeuchtigkeit können Hühner bei genügender Wasseraufnahme Außentemperaturen bis zu 40 °C ertragen. Dies ist der Wert, der gerade noch unter ihrer Körpertemperatur liegt, wodurch sie theoretisch immer noch Wärme abgeben können.

- Die Toleranz gegenüber extremen Temperaturen ist unter anderem erblich bedingt. Besonders hitzeempfindlich sind Rassen mit sehr dichtem Gefieder, federfüßige Hühner, große Rassen, schwere Tiere, alte Hühner sowie Hybridhennen mit extrem hoher Legeleistung. Hähne kommen in der Regel mit Hitze besser zurecht als Hennen, weil sie keine Eier legen und weil sie über ihre größeren Kopfanhänge Wärme besser abgeben können.

Erkennen

- Dass Hühnern zu heiß ist, erkennt man daran, dass sie schneller atmen, hecheln und die Flügel „lüften", also etwas vom Körper weghalten, um über die nackten Stellen darunter Wärme abzugeben. Durch das Hecheln versuchen sie, Wärme über Verdunstungskälte abzugeben. Die erhöhte Atemfrequenz führt zu einer höheren CO_2-Abgabe sowie durch den Flüssigkeitsverlust auch zu einem Mangel an Elektrolyten, insbesondere von Natrium und Kalium. Elektrolyte gehen nun auch vermehrt über den Kot verloren, weil der Darm durch die erhöhte Trinkwasseraufnahme sozusagen „gespült" wird.
- Bei Hitze bewegen sich die Hühner nur noch ungern und sie fressen weniger, um durch die Verdauung nicht noch mehr Wärme zu produzieren.
- Unbefiederte Stellen wie der Kopfbereich werden sichtbar vermehrt durchblutet, um über Kamm und Kehllappen Wärme abzugeben. Die Blutgefäße weiten sich, sodass es zu Kreislaufschwäche kommen kann.
- Kritisch wird es, sobald die Körpertemperatur über 43 bis 44 °C steigt, die Tiere apathisch werden, einen trüben Blick haben, die Augen geschlossen halten, die Kopfhäute gerötet oder bläulich verfärbt sind und die Hühner nicht mehr aufstehen. Es droht die Gefahr, dass die Hühner komatös werden, Kreislaufversagen bekommen und schließlich versterben (etwa bei 46 °C Körpertemperatur). Ein Kreislaufversagen lässt sich an blau verfärbten Kämmen und dem Austreten von Flüssigkeit oder Futterbrei aus dem Schnabel erkennen.
- Wenn die Hühner mehrere Stunden massiver Hitze ausgesetzt sind, denaturieren ihre Körperproteine – ihr Fleisch sieht dann wie gekocht aus. Der sogenannte Enthalpiewert (Wärmeinhalt der Luft) dient als Kennzahl für die Wärmebelastung von Geflügel; bei Werten über 67 kJ/kg sollte man vorbeugend Maßnahmen treffen. Bei einem Enthalpiewert ab 72 kJ/kg tritt der Hitzetod ein.

In Hitzeperioden stellt man einen erhöhten Wasserverbrauch, dadurch oft flüssigeren Kot, einen geringeren Futterverbrauch und somit oft eine verminderte Eigröße und Legeleistung bei schlechterer Schalenqualität fest: Beim Hecheln wird CO_2 abgegeben, wodurch der pH-Wert des Blutes steigt. Um den pH-Wert wieder zu normalisieren, muss vermehrt Bicarbonat ausgeschieden werden – Carbonat ist aber als Kalziumcarbonat Bestandteil der Eischale! Aufgrund des Hechelns ist bei Hitze also weniger Kalzium für die Eischalenbildung verfügbar, außerdem wird aufgrund der verminderten Nahrungsaufnahme weniger Kalzium aufgenommen, sodass die Eischalen bei Hitze dünner werden können.

Bläulich verfärbte Kammspitzen.

Ursachen

Zu hohe Temperaturen haben unterschiedliche negative Auswirkungen auf den Organismus. Man spricht von Hitzestress, wenn die Tiere Schwierigkeiten haben, ein Gleichgewicht zwischen der Produktion und dem Verlust von Körperwärme zu halten.

- Weil bei Hitze die Wärme über die Körperoberfläche abgegeben werden muss, wird diese stärker durchblutet, wodurch aber weniger Blut durch die inneren Organe fließt. Dort kann es zu einem Sauerstoffmangel und sogenanntem oxidativem Stress kommen, auch im Darmbereich. Generell schwächt Stress das Immunsystem, sodass man die Gesundheit der Tiere in solchen Extremsituationen besonders im Auge behalten sollte.
- Verminderte Nährstoffaufnahme und verstärktes Hecheln bei Hitze beeinflussen den Stoffwechsel und die Eischalenbildung. Die Eischalen können bei Hitze dünner werden, einerseits durch verminderte Nährstoffaufnahme, andererseits durch das Hecheln. Dünne Eischalen und Windeier stellen grundsätzlich ein zusätzliches Risiko für die Entstehung einer Legedarmentzündung bzw. Problemen mit dem Legeapparat dar.
- Wenn die Hühner bei Hitze weniger fressen, kann es auch passieren, dass Legehennen grundsätzlich kleinere oder weniger Eier legen und dass junge Tiere langsamer wachsen.

Dieser Federfüßigen-Zwerghuhn-Henne ist heiß: Sie hechelt und hält die Flügel vom Körper weg.

- Sind die Haltungsbedingungen insgesamt nicht optimal, kann zusätzlicher Stress durch Hitze zu Federpicken und einer dauerhaft erlernten Verhaltensstörung führen, aber auch zu Kannibalismus, bei dem sich die Tiere gegenseitig stark bepicken und verletzen.
- Durch Hitzestress und die verminderte Nährstoffaufnahme kann es zu einer Halsmauser kommen. Dann wächst das Gefieder in der Regel erst im Herbst nach der Mauser im Halsbereich nach.
- Außerdem können die Atemwege durch die vermehrte Atmung und durch die fehlende Filterung durch die Nase gereizt werden, sodass Erreger leichter in den Körper eindringen können. Dadurch sind Atemwegserkrankungen durch Pilze, Viren und Bakterien als Folge von Hitzestress möglich. Dies kommt insbesondere in Ställen mit schlechter Belüftung und Hygiene vor sowie in Stallhaltungen mit großen Tierzahlen.
- Letztlich können dann auch Legedarmentzündungen und Coliinfektionen, die sich unter Anderem durch weißliche Ausflüsse aus der Kloake äußern können, durch die Schwächung der Hennen auftreten.
- Die übermäßige Weitung der äußeren Gefäße für die Wärmeabgabe führt dazu, dass das Blut an anderer Stelle im Körper fehlt, sodass der Kreislauf belastet wird. Der Hitzetod kann durch Kreislaufversagen, Dehydration (Austrocknung durch mangelnde Wasseraufnahme und Elektrolytverluste) und durch Überhitzung des Körpers eintreten.

Vorbeugen

- Ein Thermometer und Hygrometer im Stall sowie im Auslauf sind empfehlenswert, um Temperatur und Luftfeuchtigkeit zu kontrollieren.
- Außerdem sollte man sich auf www.dwd.de darüber informieren, wie die Wettervorhersagen sind und wie der Enthalpiewert (Wärmeinhalt der Luft) werden wird.
- Bereits einige Wochen vor der heißen Jahreszeit empfiehlt sich die Gabe von Leberschutzpräparaten und dem Antioxidans Vitamin E, weil sich gerade bei einer bereits belasteten Leber ein Fettlebersyndrom entwickeln kann, wenn Hitze hinzukommt.
- Bei heißen Temperaturen sollte man die Hühner mehrmals täglich kontrollieren, um ihr Befinden im Auge zu behalten. Gibt es Anzeichen von Hitzestress? Bewegen sie sich noch? Reagieren sie noch?
- Vor allem ist es wichtig, dass Hühner stets Wasser zur Verfügung haben. Bei hohen Temperaturen kann sich ihre Wasseraufnahme zur Kühlung und zur Abgabe von Wasserdampf über die Atemluft mehr als verdoppeln. Wasser sollte verteilt an mehreren Stellen im Auslauf stets in der Nähe der Hühner vorhanden sein. Bei Gelegenheit trinken Hühner nämlich gerne mal ein paar Schlucke. Das Wasser darf nicht zu warm werden, weil die Hühner es dann nicht mehr trinken mögen. Das wäre gerade bei Hitze fatal für ihren Kreislauf. Am besten stellt man das Wasser in den Schatten und füllt öfters kaltes Wasser (10 bis 12 °C) nach

oder stellt den Wassernapf auf Kühlakkus. Man kann auch gefrorene Plastikwasserflaschen oder Ähnliches in den Wassernapf legen, um für eine Kühlung des Wassers und damit der Hühner zu sorgen.

> Bewährt bei Hitze hat sich die Zugabe von Vitamin C ins Trinkwasser. Mischen Sie es mehrmals täglich frisch an.
> Auch andere Vitamine sind nun besonders nützlich. So kann bei dieser Belastung eine Vitaminmischung, insbesondere mit den Vitaminen C, E, A und B, hilfreich sein, wovon Vitamin A besonders für die beanspruchten Atemwege und Schleimhäute notwendig ist. Vitamin E ist in Hitzeperioden als Zellschutz und Antioxidans ebenso wichtig. Füttern Sie alternativ Kräuter und Obst oder Gemüse, beispielsweise Brennnessel oder Möhren und etwas Sonnenblumenöl dazu.
> Schattige Plätze durch Bäume, Sträucher, Sonnenschirme, Unterstände, Sonnensegel etc. sind ein Muss.
> Kühle Sandbäder im Schatten dienen dem Wohlbefinden der Hühner.
> Bei Hitze muss zusätzlicher Stress absolut vermieden werden: jetzt also kein Stallumbau, keine Integration neuer Hühner, kein Scheuchen etc.!
> Beliebt, gerade in den heißen Mittagsstunden, ist nun wasserhaltiges Obst wie Melone, das man auch anfrieren oder gekühlt geben kann. Schwer Verdauliches sollte lieber früh morgens oder abends gereicht werden, weil die Verdauung noch mehr Hitze produziert. Also keine schwere Hauptmahlzeit vor oder zu heißer Stunde! Die Fütterung sollte sich auf die kühleren Morgen- und Abendstunden konzentrieren, um Kreislauf und Stoffwechsel zu entlasten. Zusätzliche Körner- oder Brotgaben (viele Kohlenhydrate) sind nun tabu. Auch sollte man mit Mehlwürmern (viel Protein) sehr sparsam sein. Sowohl die Protein- als auch die Kohlenhydratverdauung erzeugt viel Wärme. Es sollten weniger Kohlenhydrate und weniger Protein, dafür mehr freie Aminosäuren und mehr Fett (z. B. Sonnenblumenöl) gegeben werden. Das entlastet auch die Leber in dieser Zeit. Zu berücksichtigen ist, dass zunächst bei wärmeren Temperaturen der Energiebedarf sinkt, bei steigender Wärme durch das dann nötige Hecheln aber steigt.
> Bei Temperaturerhöhung kann es zu einer erhöhten Fetteinlagerung in Körper und Leber kommen. Um eine Fettleber zu vermeiden, muss in Hitzeperioden kohlenhydratreiches Futter vermieden werden.
> Der Stall darf nicht zu sehr aufheizen. Je nach Isolation, Standort und Größe des Stalles sind verschiedene Maßnahmen nötig. Hitze im Stall sollte vor dem Abend durch Öffnen der Stalltüren und Fenster, eventuell unter zu Hilfenahme eines Ventilators, aus dem Stall getrieben werden.
> Eine Sprühkühlung des Stalldaches sorgt für Abkühlung im Stallinneren. In einen sehr kleinen Stall kann man auch Kühlakkus legen. Ein mobiles Klimagerät ist selten empfehlenswert, weil zu starke Temperaturschwankungen zu Infektionen führen können – eine Akklimatisierung ist so nicht möglich.
> Der Stall sollte isoliert sein und im Schatten stehen oder eine Markise haben. Eine weiße Farbe reflektiert die Hitze.

- Im Sommer muss der Stall nicht dick eingestreut sein, maximal 2 cm hoch und locker. Deep-litter-Systeme, die Wärme produzieren, sind nun gar nicht angebracht. Zudem müssen die Hühner im Stall zur Sommerzeit genug Platz haben, um weiter voneinander entfernt auf den Sitzstangen sitzen zu können, sodass sie sich nicht noch gegenseitig aufwärmen – das ist nur im Winter gewünscht.
- Aufgrund des geschwächten Immunsystems und der Schnabelatmung sind die Hühner nun besonders anfällig für Atemwegserkrankungen. Um diesen vorzubeugen, sollten Schadgase und Staub im Stall durch Ausmisten und Frischluftzufuhr maximal reduziert sein.

Behandeln

- Lässt die Eischalenqualität nach (dünnere, brüchige oder keine Schale), kann man dem Wasser in Hitzeperioden eine **Kalziummischung** zufügen – am besten in einem zusätzlichen Gefäß, sodass die Hühner zwischen Wasser mit und Wasser ohne Kalzium wählen können. Wenn überwiegend (Hitze-)Stress die Ursache für schlechtere Schalen ist, helfen Kalzium- und Phosphatzulagen jedoch nicht. Die Zugabe von probiotischen Bakterien im Futter verbessert die Verdauungsfunktion, wirkt sich positiv auf den Kalziumstoffwechsel und somit die Dicke der Eischalen aus. **Brottrunk** ist bei Hitze also besonders empfehlenswert!
- Zahme Hühner mögen eventuell ein Fußbad in kaltem Wasser (10 bis 12 °C). Womöglich stellen sich Ihre Hühner auch freiwillig in flache Wannen mit gekühltem Wasser – einfach ausprobieren! Bei Windstille hilft ein Ventilator.
- Bei starkem Hitzestress oder bei Schock ist eine Elektrolytlösung (Kochsalz, Natron, Glucose) im Tränkewasser angebracht, um den gestörten Elektrolyt- und Flüssigkeitshaushalt zu normalisieren. Bieten Sie **zwei verschiedene Trinkmöglichkeiten** an, damit die Hühner ihren Bedarf individuell decken können – ein Wasser nur mit Vitamin C und eins mit Vitamin C plus Elektrolytlösung, dosiert nach Herstellerangaben.
- Wenn es dem Huhn nicht gut geht, sollte man es langsam abkühlen, es also in einen kühlen Raum bringen und in ein nasses, gekühltes Handtuch wickeln. Draußen kann man betroffene Tiere mit kaltem Wasser einsprühen. Bei einem Bad in kaltem Wasser muss man darauf achten, dass die Tiere nicht zu schnell und nicht zu stark abkühlen.
- Sorgen Sie dafür, dass das betroffene Huhn Flüssigkeit zu sich nimmt, am besten in Form einer Elektrolytlösung.
- Im Notfall kann der Tierarzt einschreiten und beispielsweise eine gekühlte Infusion mit einer Kochsalzlösung verabreichen.
- Der Wachstumsdepression junger Tiere durch Wärmestress ab etwa 31 °C kann durch den Austausch von Kohlenhydraten durch Fett, welches eine höhere Energiedichte hat, begegnet werden. Der Fettabbau verursacht im Vergleich zum Abbau von Kohlenhydraten einen geringeren Wärmezuwachs. Dies ist in der Regel bei kommerzieller Haltung relevanter und dort leichter umsetzbar.

Kältestress

Allgemein

Hühner verfügen über Regulationsmechanismen, um mit tiefen Außentemperaturen grundsätzlich zurechtkommen zu können. Außerdem sind sie in der Lage, sich innerhalb weniger Tagen an tiefe Temperaturen anzupassen. Solange es trocken ist und die Hühner vor Wind geschützt sind, stellt Kälte für erwachsene Hühner in der Regel kein allzu großes Problem dar.

Erkennen

> Hühner, denen kalt ist, plustern sich auf, stecken die unbefiederten Stellen wie Ständer, Kamm und Kehllappen unter das Gefieder und rücken dicht gekuschelt aneinander, um sich gegenseitig aufzuwärmen.
> Muskelzittern ist ebenfalls ein Zeichen dafür, dass die Hühner frieren. Durch Muskelzittern können Hühner Wärme produzieren. Für diesen Zweck fressen sie auch mehr.
> Erfrierungen können Sie an Verfärbungen erkennen. Kehllappen und Kämme mit Frostschäden werden anfangs blass, schwellen an, bekommen Bläschen und werden später dunkel.

Ursachen

> Kältetoleranz ist von der Rasse abhängig. Dies hängt unter anderem von der erblich bedingten Fähigkeit der internen Wärmeproduktion ab, aber auch von der Befiederung und der Kammgröße. Dicht befiederte Hühner außerhalb der Mauser ertragen Kälte besser als dünn befiederte Tiere in der Mauser. Generell müssen dünn befiederte Hühner mehr Wärme produzieren. Dazu müssen sie mehr Energie aufnehmen, also mehr fressen.
> Nicht nur die Genetik, sondern auch die Aufzucht spielt eine Rolle für die spätere Kälte- bzw. Wärmetoleranz. Bei Kunstbrut ist die Bruttemperatur bedeutend für die spätere Fähigkeit zur Wärmeproduktion: Werden Küken bei niedrigerer Temperatur gebrütet, entwickeln sie eine höhere Wärmeproduktion. Entsprechend hat Kälte während der Aufzucht Einfluss auf die spätere Körpertemperatur durch angepasste Hormon- und Stoffwechselaktivitäten.

Vorbeugen

> Die Kombination aus Kälte, Zugluft und Feuchtigkeit ist für Hühner sehr ungesund. Der Luftaustausch zum Abführen der Feuchtigkeit muss also über den Hühnern stattfinden, sodass sie nicht im Durchzug sitzen. Kothaufen und feuchte Einstreu müssen beseitigt werden, damit der Stall schön trocken ist.

- Der Stall sollte isoliert sein und möglichst nicht mit einer Heizung aufgewärmt werden. Durch den Wechsel zwischen Warm und Kalt können sich die Hühner nicht akklimatisieren, wodurch sie schneller krank werden können. Außerdem kann es zu Erfrierungen kommen, wenn die Hühner aus einer warmen Umgebung direkt in den Frost kommen. Nur bei extremer Kälte könnte man die Stalltemperatur geringfügig durch eine Heizung erhöhen.
- Im Auslauf sind windgeschützte Ecken und trockene Unterstände nötig. Am Zaun lässt sich beispielsweise ein Windschutz auf Hühnerhöhe anbringen, um eisige Winde aus den verschiedenen Richtungen abzuhalten.
- Ein Tränkenwärmer verhindert, dass das Wasser einfriert. Zunächst kann man auch versuchen, das Wasser mit einem Tischtennisball, der an der Oberfläche schwimmt, in Bewegung zu halten.
- Achten Sie darauf, dass die Hühner genug Futter bekommen, damit sie ausreichend Energie haben und ihre Körpertemperatur nicht sinkt. Abends vor der langen, kalten, nahrungslosen Nacht kann man eine Portion energiereiche, geschälte Sonnenblumenkerne geben. Im Notfall kann man durch eine verlängerte Lichtphase die Zeit der möglichen Nahrungsaufnahme verlängern, indem man morgens das Licht früher angehen lässt. In absoluten Extremsituationen ist ein Talgblock hilfreich. Vitamine nicht vergessen!
- Grundsätzlich sollen Hühner auch im Auslauf **Sitzstangen** haben, um aufbaumen zu können. Gerade im Winter ist dies besonders wichtig, damit sie fernab vom frostigen oder schneebedeckten Boden aufbaumen und sich mit dem Gefieder wärmend über ihre kalten Füße hocken können. Ansonsten kann es an den Zehen und Füßen zu Erfrierungen kommen.
- Kälteschäden an den Füßen, aber auch an den Kopfanhängen müssen unbedingt vermieden werden: Bei tiefen Temperaturen reduzieren Hühner ihre Wärmeabgabe, in dem sie die Durchblutung zu unbefiederten Körperteilen wie Kopfanhängen und Zehen verringern. Es drohen Erfrierungen an diesen Stellen, insbesondere wenn zu Minustemperaturen Feuchtigkeit oder Wind hinzukommt.
- Hierfür ist es auch besonders wichtig, dass die Füße nicht nass sind, sobald es rausgeht. Ein **schneefreier, trockener Unterstand** im Auslauf sollte deshalb zur Verfügung stehen. Achten Sie auch auf kleine, schmale Tränkbehälter, in die die Kehllappen nicht eintunken können.
- Gerade wenn zu der Kälte draußen viel Wind oder Nebel kommt, kann es nötig sein, insbesondere bei Hähnen und Rassen mit langen Kopfbehängen, die Kämme und Kehllappen mit **Vaseline** einzuschmieren, um Erfrierungen zu vermeiden. Gerade die Kammspitzen können von Kälteschäden betroffen sein.

Behandeln

- Weist ein Huhn Frostschäden an Kehllappen und Kamm auf, muss es in eine frostfreie Umgebung gebracht werden, damit die Kopfanhänge langsam auftauen können. Anschließend trägt man eine Wundsalbe (zum Beispiel jodhaltig) auf und hält das Tier noch einige Tage separat von den anderen Hühnern, damit die Wunde in Ruhe heilen kann. Die Wunde muss sauber und trocken bleiben und täglich mit der Wundsalbe behandelt werden. Mit der Zeit verfärbt sich das geschädigte Gewebe schwarz, stirbt ab und fällt in der Regel ab.

- Sollte sich die Wunde entzünden oder unangenehm riechen, ist eine antibiotische Behandlung notwendig. Im schlimmsten Fall kann es nötig sein, verfärbtes Gewebe vom Tierarzt entfernen zu lassen, um eine Blutvergiftung zu vermeiden. Ein Tierarztbesuch ist also in jedem Fall angebracht, um die Situation beurteilen zu können.
- Erfrierungen sind schmerzhaft. Daher mag ein betroffener Hahn seinen Kopf oft nicht mehr in den Futterautomaten stecken. Bieten Sie ihm eine andere Futtermöglichkeit an. Falls das Tier schmerzbedingt gar nichts mehr fressen möchte, braucht es womöglich ein Schmerzmittel (siehe Seiten 45, 84).
- Stärken Sie das Immunsystem mit Kräutertees, beispielsweise aus Kamille, Oregano und Cistus. Füttern Sie Zwiebel, Knoblauch, Oregano, Kamille, Möhre, gekeimte Weizenkörner und Bierhefe.

SCHON GEWUSST?

Bei der Rassewahl ist die Region des Wohnortes entscheidend. Wohnen Sie in Gegenden, in denen es extreme Kälte oder große Hitze geben kann? In kalten Regionen sind große Kopfanhänge nachteilig, ein dichtes Gefieder von Vorteil. In heißen Gegenden dagegen ist es umgekehrt: Hier sind große Kopfanhänge vorteilhaft, während ein dichtes Gefieder schlecht ist. In der Rassebeschreibung finden sich meist zusätzliche Hinweise auf besondere Kälte- oder Hitzetoleranz. Grundsätzlich sollten Hühner ein „normales", natürliches Aussehen haben, um artgerecht und gesund leben zu können: Sie sollen nicht in ihrer Sicht behindert sein, ihr Gefieder soll wasserabweisend sein, und die Gefiederpflege sowie Scharren müssen problemlos möglich sein. So kann beispielsweise eine übermäßige Latschenbildung das Scharrverhalten und somit die Abnutzung der Krallen einschränken, aber auch die Beweglichkeit und die Befruchtungs- und Brutfähigkeit.

Nottöten

Dies ist der unschöne Teil der Hühnerhaltung. Am liebsten möchte man seine Tiere für immer behalten und nie in die unangenehme Situation kommen, dass man ihnen nicht mehr helfen kann. Aber leider kann es immer passieren, dass man sein Huhn schnellstmöglich erlösen muss, zum Beispiel, wenn es starke Verletzungen durch einen Greifvogel erlitten hat, oder wenn es am Wochenende schwer krank ist und kein Tierarzt erreichbar ist, der das Huhn einschläfern kann. Lassen Sie sich für den Fall der Fälle die korrekte Vorgehensweise von einer erfahrenen, fachkundigen Person zeigen.

Wer berufsmäßig Tiere tötet, braucht einen Sachkundenachweis. Hobbyhalter zählen also nicht dazu. Dennoch muss man sich laut Tierschutzgesetz daran halten, das Huhn vor der Tötung zu betäuben, um die Wahrnehmungs- und Empfindungslosigkeit und somit Schmerzlosigkeit herzustellen. Das geschieht durch einen kräftigen Schlag auf den Kopf, zum Beispiel mit einem Schüppenstiel. Dazu muss man die Schädeldecke zwischen Auge- und Ohröffnung im Kammbereich, also hinter den Augen auf den Kopf treffen. Anschließend erfolgt die Tötung durch Genickbruch oder durch Blutentzug, indem man mit einem Beil oder mit einem scharfen Messer den Kopf abtrennt.

Da es sich bei dieser Beschreibung um die Nottötung eines schwer geschädigten Tieres handelt, sollte es nicht allzu problematisch sein, das Huhn dazu zu fixieren. Ansonsten nimmt man eine zweite Person zu Hilfe, wickelt das Huhn in ein Handtuch oder steckt es in einen Trichter, zum Beispiel in eine eröffnete Pylone, oder fixiert notfalls selbst Flügel und Beine gleichzeitig.

Nach dem Schlag kontrolliert man, ob das Tier wirklich betäubt ist. Das Huhn darf keine gerichteten Bewegungen mehr zeigen (außer krampfartiges Zucken oder Zittern des Körpers, Versteifung), es will also auch nicht mehr flüchten und hat keinen gerichteten Blick. Bei Berührung des Auges lässt sich kein Lidreflex mehr auslösen und die Halsmuskulatur ist erschlafft, sodass der Kopf schlaff herabhängt.

Wenn das Huhn sicher betäubt bist, schlägt man mit einem scharfen Beil den Kopf ab.

Alternativ kann man bis zu etwa 3 Kilogramm Huhngewicht von Hand einen Genickbruch provozieren, in dem man den Hals zwischen Zeige- und Mittelfinger fixiert und ruckartig den Kopf nach vorne zieht, sodass man daumenbreit nur noch Haut statt Wirbelsäule fühlt. Das Rückenmark wird dabei durchtrennt und das Gehirn nicht mehr durchblutet. Hierbei muss man abtasten, ob die Wirbelsäule wirklich durchtrennt ist.

Nach zehn Minuten sollte man kontrollieren, ob das Tier wirklich tot ist. Eindeutige Anzeichen dafür sind: keine Atmung, keine Reflexe (kein Lidreflex: keine Reaktion auf Berührung des Lids oder der Hornhaut des Auges, kein Pupillenreflex: Pupille ist weit, keine Reaktion auf Lichtreize), kein Herzschlag, keine Bewegung, keine Augenbewegungen.

Weil das ganze Prozedere sehr grausam ist, mag es für den ein oder anderen etwas einfacher sein, eine spezielle Tötezange zu verwenden. Es gibt solche Zangen auch mit integriertem, nicht penetrierendem Schlagbolzen für die vorherige Betäubung, die aber aus Kostengründen eher was für Professionelle sind. Bei einer Genickbruchzange, die man direkt hinter dem Kopf ansetzt, werden Blutgefäße und die Wirbelsäule durchtrennt, sodass im Gehirn eine Blutarmut entsteht. Die Tiere verbluten nach innen in den Genickbereich, wo sich ein Hämatom (Bluterguss) bildet.

Tipp

Gerade bei plötzlichen Todesfällen unklarer Ursache gibt man das verstorbene Tier am besten zur tierärztlichen Abklärung der Todesursache zur Sektion. Die gewonnenen Erkenntnisse können dazu beitragen, die anderen Tiere zu schützen, indem man sie dann gezielt behandeln kann oder die Ernährung umstellt.

Stallpflicht

Bei Stallpflicht aufgrund von Vogelgrippe (Aviärer Influenza) muss man die Hühner im Stall lassen oder einen wildvogelsicheren, überdachten Auslauf herstellen. Ein solcher Auslauf ist aber sowieso auch immer für Regen- oder Schneephasen und stürmische Schlechtwetterlagen nützlich.

Wenn Hühner – aus welchem Grund auch immer – dazu verdonnert sind, im Stall zu bleiben, ist Langeweile die größte Gefahr, die nun auftreten kann. Das „Ursprungshuhn", das Bankivahuhn, beschäftigt sich 2/3 des Tages mit der Futtersuche. So tätigen Hühner täglich etwa 15000 Pickanschläge im Zusammenhang mit der Futtersuche und der Futteraufnahme – bei Stallpflicht ohne Freilauf ist dies kaum möglich! Um der drohenden Langeweile entgegenzuwirken, bieten Sie eine interessante Einstreu an, in die Sie ein paar Körner und Grit streuen, damit die Hühner etwas zum Suchen haben. Man kann die Einstreu auch regelmäßig tauschen, um für Abwechslung zu sorgen. Stellen Sie Luzerne- und Strohballen in den Stall und variieren Sie die Anordnung immer wieder. Die Hühner können sich dahinter verstecken oder darauf springen, um einander auszuweichen, und sie können daran herumpicken.

Generell sollte ein Sichtschutz für die rangniedrigen Tiere vorhanden sein, zum Beispiel durch Futtertonnen, Blumentöpfe etc., die am besten immer mal wieder umgestellt werden. Beschäftigen Sie Ihre Gefängnisinsassen so viel wie möglich: Legen Sie zum Beispiel ganze Weiß- oder Rotkohle in den Stall, daran können die Tiere lange herumpicken. Oder hängen Sie Salat und Gemüse im Stall auf, dafür gibt es fertige Vorrichtungen im Tierbedarf, sogenannte Futterkörbe oder Futterraufen. Es gibt auch Snackbälle und Futterrollen für Hühner, die man mit Pellets oder Körnern füllen kann. Die Hühner müssen sie in Bewegung setzen, damit die Leckerlis hinauskullern. Welches Huhn ist das mutigste und wagt den ersten Schritt?

Sie können auch eine Plastikflasche durchlöchern und von den Hühnern rollen lassen. Oder hängen Sie sie auf, die Hühner picken gerne am neuen Futterspender herum. Auch so etwas kann man fertig kaufen. Im Tierhandel oder im Internet werden Sie sicher fündig. Manche Hühnerhalter benutzen auch Hundeintelligenz-Futtersuchspiele.

Natürlich können Sie Ihre Hühner auch – einzeln – clickern und „ausbilden", um sie geistig auszulasten. Anleitungen dazu findet man im Internet oder in der Literatur (siehe Literaturverzeichnis).

Ein Pickstein ist eine gute Idee, um den Hühnern in dieser Zeit etwas zum Abwetzen ihres Schnabels zu bieten. Zusätzlich versorgt er die Tiere mit wertvollen Mineralien.

Denken Sie auch daran, Ihren Hühnern im Stall ein Sandbad zur Verfügung zu stellen. Nun können sie ja nicht mehr nach draußen, um sich selbst eines herzurichten. Möglich sind hier zum Beispiel Kisten, Wannen oder Sandkästen, die Sie mit Erde füllen und in den Stall stellen.

Tipp

Überlegen Sie, wie Sie Ihren Hühnern sonst viel Bewegung und Abwechslung bieten können. Vielleicht haben Sie zum Beispiel ein Gewächshaus, das Sie ihnen zur Verfügung stellen können. Das Gewächshaus steht etwas vom Stall entfernt? Verbinden Sie doch Stall und Gewächshaus mit einem Tunnel, der oben abgedeckt oder wasserdicht ist.

Impfungen

Impfungen spielen insbesondere in der kommerziellen Geflügelhaltung eine große Rolle, da hier hohe Tierzahlen auf engstem Raum unter stressigen Bedingungen gehalten werden, wodurch sich Infektionen explosionsartig ausbreiten können. Daher werden industriell gehaltene Legehennen sehr oft in ihrem Leben geimpft. Hobbyhühner werden zwar unter anderen Bedingungen gehalten. Dennoch müssen sie gegen eine Krankheit geimpft werden, nämlich gegen Newcastle Disease (ND), weil hierbei auch für Hobbyhühner eine Impfpflicht besteht. Diese führt man nach Herstellerangaben mehrmals jährlich übers Trinkwasser durch. Es gibt auch die Möglichkeit, nur einmal jährlich, aber dann über eine Injektion, mittels sogenannter Nadelimpfung, durch den Tierarzt gegen ND zu impfen. In einigen Ländern, wie Schweden und der Schweiz, ist die Impfung gegen ND allerdings untersagt. Wichtig ist, über die durchgeführten Impfungen Nachweise zu führen. Diese sind im Tierseuchenfall, bei einer Kontrolle durch das Veterinäramt und für die Teilnahme an Ausstellungen nötig.

Für Hühner aus der Hobbyhaltung sind darüber hinaus insbesondere folgende freiwillige Impfungen relevant, die in der Regel übers Trinkwasser erfolgen:

- Kokzidiose
- Infektiöse Bronchitis (IB)
- Infektiöse Larygotracheitis
- Mykoplasmose
- Marek´sche Krankheit: Diese Impfung muss früh, am besten am ersten Lebenstag, per Injektion erfolgen. Manche Rassen wie die Barnevelder sind für Marek besonders empfindlich.

Tipp

Erkundigen Sie sich auch beim örtlichen Rassegeflügelzuchtverein. Oftmals kann man sich dort den Impfaktionen kostensparend anschließen.

An dieser Stelle kann keine allgemein gültige Empfehlung abgegeben werden, ob bzw. gegen welche der Erkrankungen man seine Hühner impfen sollte. Wenn man weder Hühner zukauft noch welche abgibt, sozusagen ein geschlossenes System mit eigener Nachzucht hat, ist die Situation eine ganz andere, als wenn man mit seinen Hühnern auf Ausstellungen geht, gelegentlich Tiere zukauft oder in der Nachbarschaft beziehungsweise bei der eigenen Haltung bereits diese „impfbaren“ infektiösen Erkrankungen festgestellt wurden. Lassen Sie sich deshalb am besten von Ihrem örtlichen Tierarzt beraten – er kann beurteilen, wie die Haltungsbedingungen und der Infektionsdruck bei Ihnen sind. Er wird Sie auch über die Kosten und die aktuellen Bestimmungen informieren können.

Zukauf

Beim Zukauf fremder Tiere besteht immer das Risiko, sich Krankheiten in den Bestand zu holen. Aus seuchenhygienischen Gründen ist es am besten, selbst für eine eigene Nachzucht zu sorgen, damit man keine potenziell infektiösen Tiere zukaufen muss. Wenn das nicht geht, bieten Bruteier eine Alternative. Über Bruteier kann man sich nur vergleichsweise wenige, mit dem Ei übertragene Krankheiten in den Bestand holen.

Wenn man sich fremde Tiere kaufen möchte, sollte man sie nur von einem einzigen, guten Züchter beziehen – also nicht von Märkten, wo sich viele Tiere verschiedener Herkünfte tummeln und anstecken können, und auch nicht von mehreren Züchtern, weil dann die Gefahr der Erregereinschleppung größer ist.

Selbst wenn die Hühner augenscheinlich gesund wirken, können sie Krankheiten in Ihre Herde einschleppen. Möglicherweise waren sie mal krank und sind nun genesen, können aber dennoch Erreger ausscheiden. Außerdem sind innerhalb der Inkubationszeit vor dem Ausbruch einer Krankheit noch keine Symptome sichtbar. Daher sollten Sie zugekaufte Neuankömmlinge für 30 Tage in Quarantäne, am besten mit mindestens 10 Meter Abstand zu Ihrer Herde, unterbringen. Verhalten Sie sich so, als ob die Neuen infiziert seien: Tragen Sie keine Gegenstände von dieser Gruppe zur anderen, waschen Sie nach Kontakt Ihre Hände und halten Sie speziell für das Quarantäneabteil separate Schuhe bereit. In der Quarantänezeit kontrolliert man regelmäßig, ob bei „den Neuen" eine Krankheit ausbricht. Das gibt schon mal etwas Sicherheit, wenngleich es – wie gesagt – auch sein kann, dass Hühner symptomlos Erreger ausscheiden. Möchten Sie also ganz sicher gehen, lassen Sie Kot- und Tupferproben auf infektiöse Krankheiten von Ihrem Tierarzt durchführen.

Am besten entwurmt man die Neuankömmlinge in der Quarantänezeit und sprüht die Beine vorsorglich mit Ballistol ein, für den Fall, dass sich unter den Schuppen eine Kalkbeinmilbe versteckt hat. Wenn Sie schon dabei sind, können Sie auch gleich die federlose Stelle unter den Flügeln mit Ballistol einsprühen sowie die Federn an der Kloake spreizen und dort die Haut einsprühen. Falls Sie Krabbeltiere übersehen haben sollten, haben Sie so schon mal ein wenig vorgesorgt. Im Falle eines richtigen Befalles können Sie die Tipps aus dem jeweiligen Kapitel befolgen.

Wenn die neuen Hühner gesund sind und die Zeit der Integration gekommen ist, sollte das Eingliedern in die Gruppe möglichst stressfrei ablaufen, auch weil durch Stress Krankheiten entstehen können. Vermeiden Sie es also während der Mauser, neue Hühner einzugliedern, da die Mauser an sich schon stressig genug ist und mit erhöhter Krankheitsanfälligkeit einhergeht. Außerdem kann durch Stress bei den Neuankömmlingen eine Halsmauser entstehen, wenn sie von den Alteingesessenen sehr „geärgert" werden. Am besten ist es daher, wenn Sie die neuen Hühner nun für mehrere Tage mit Sichtkontakt zu den alten Hühnern halten. So können sie sich schon mal gegenseitig kennenlernen und die Aufregung wird später nicht mehr ganz so groß sein. Um es den neuen Hühnern vor der Integration einfacher zu machen, kann man sie auch zeitweise ohne die alten Hühner im Auslauf laufen lassen, damit sie sich schon mal in Ruhe orientieren können. Je nach Rasse und Temperament können Sie nach ein paar Tagen oder ein bis zwei Wochen des Kennenlernens durch den Zaun die Integration wagen. Oft klappt es ganz gut, wenn man die Neuen einfach nachts zu den alten Hühnern auf die Sitzstange setzt. Im Gehege sollten mehrere Futter- und Wasserstellen sowie verschiedene Versteckmöglichkeiten wie Büsche vorhanden sein. Gut sind auch mehrere Ebenen, sodass die Neuen nach oben auf einen Ballen, Stuhl oder eine Sitzstange ausweichen können.

Grundsätzlich ist es sinnvoll, mehrere Hühner, die sich bereits kennen oder alle erst in der Quarantäne kennengelernt haben, gleichzeitig in eine neue Gruppe zu integrieren. So können sie sich schon mal zusammentun und stehen dem meist nicht allzu freundlichen Empfang der Alttiere nicht ganz alleine gegenüber. Manchmal kann es auch sinnvoll sein, erst Untergruppen zu bilden, indem man die neuen Hühner mit ein paar alten Hühnern vergesellschaftet und später erst alle in die ganze Gruppe integriert.

Gesundheit von Hybridhühnern

Was ist ein Hybridhuhn? Bei den Hybridhühnern handelt es sich um die Tiere, die kommerziell in den Großbetrieben aus wirtschaftlichen Gründen gehalten werden. Hier unterscheidet man zwischen Masthybriden, die für die Fleischerzeugung gezüchtet wurden, und den Legehybriden, die für die Eierproduktion gezüchtet wurden. Hybridhühner sind Kreuzungsprodukte verschiedener Rassen und auf höchste Leistung gezüchtet. Die Hybridlegehenne der gewerblichen Haltung mit extremer Legeleistung ist vielen bekannt, sie ist das klassisch braune Huhn, aber es gibt auch weiße Legehybriden. Auch private Halter können Legehybriden bei Händlern erwerben. Zu diesem Zweck gibt es sogar Hybridhühner im Kleid von Rassehühnern, die aber keine echten Rassehühner sind. Königsberger und Bovans zählen beispielsweise zu Hybridhühnern.

Hobbyhalter halten meist Rassehühner im Garten, die Auswahl ist riesig. Hier gibt es große Unterschiede in Größe, Farbe, Lege- und Mastleistung, die beide wesentlich geringer sind als bei den Hybridhühnern. Rasselegehennen legen jährlich zwar weniger Eier als Legehybriden, dafür aber mehrere Jahre lang und sie erreichen meist ein höheres Alter.

In Hobbyhaltungen werden also meist Rasse-, aber auch Hybridhühner im Garten gehalten. Daher weise ich in diesem Buch auch auf die Besonderheiten der Legehybriden hin. Außerdem übernehmen immer häufiger engagierte Tierliebhaber Legehennen aus der sogenannten Massentierhaltung, um ihnen noch ein schönes Restleben im privaten Hühnergarten zu ermöglichen. Diese Hühner sind haltungs- und zuchtbedingt stark vorbelastet und leiden oft sehr an gesundheitlichen Problemen.

Legehennen und Masthühner für die kommerzielle Lebensmittelproduktion werden unter ganz anderen Bedingungen als Gartenhühner gehalten. Für sie gibt es verschiedene Haltungssysteme wie Boden-, Volieren-, Freiland-, Bio- und Mobilstallhaltung. All diesen Haltungsformen gemeinsam ist, dass die Hühner in sehr großer Zahl gehalten werden: In der Regel befinden sich mehrere tausend, gar mehrere zehntausend Hühner in einem Stall. Krankheiten können sich daher schnell ausbreiten. Außerdem muss man bedenken, dass das Bankivahuhn – der hauptsächliche Ahne unserer Haushühner – meist in Gruppen von 2 bis 5 Hennen mit einem Hahn lebt und sich Hühner nur in Gruppen von etwa 80 (50–100) Tieren noch individuell erkennen können; eine Gruppe ab 30 Tieren ist bereits instabil. In großen Gruppen können weder eine Rangordnung noch die sonst üblichen Freundschaften ausgebildet werden. Durch die hohe Besatzdichte können die Tiere einander kaum ausweichen. Ständige Kämpfe und damit Stress und Verletzungen sind die Folge.

Bei kommerziellen Hühnerhaltungen jeglicher Form ist allein die Gruppengröße niemals artgerecht, da sie viel zu groß ist, letztlich auch bei der Mobilstallhaltung, in der weniger, aber auch mehrere hundert bis über 2000 Tiere gehalten werden.

Die gesundheitlichen Probleme, die typischerweise auftreten, unterscheiden sich bei Mast- und Legehühnern, da die Tiere zu verschiedenen Zwecken gezüchtet wurden. Die Zucht auf extreme Lege- oder Mastleistung begründet die massiven Beeinträchtigungen für die Gesundheit.

Masthühner, sogenannte Broiler, zeigen ein extrem schnelles Wachstum. Sie werden 26 bis 42 Tage lang gemästet und wiegen bei der Schlachtung zwischen 1,5 und 2,8 kg. Sie sind zum Schlachtzeitpunkt maximal 6 Wochen alt, also altersmäßig noch richtige Küken – sozusagen „Riesen-Küken" – und schon schwerer als etliche erwachsene Rassehühner. Zum Vergleich: Rassehuhn-Küken wiegen mit 6 Wochen je nach Rasse etwa 500 g und werden in dem Alter meist noch von der Glucke geführt. Der Unterschied zu Broilern ist also gravierend.

Das schnelle Wachstum führt zu schmerzhaften Skelett- und Muskelerkrankungen. Infolge ihres hohen Gewichtes bewegen die Broiler sich weniger, weil sie kaum laufen können. Folglich zeigen sie auch kaum arttypisches Verhalten, ihre Hauptbeschäftigung ist Fressen. Wegen der Schwerfälligkeit und Schmerzen liegen sie vermehrt in der feuchten Einstreu, also in ihren Ausscheidungen, was wiederum zu Entzündungen der Haut führt. Typisch für Masthähnchen sind Fußballenentzündungen, Fersenhöckerveränderungen, Lahmheit, Gelenkprobleme, plötzlicher Herztod und Bauchwassersucht – und das alles innerhalb ihrer überaus kurzen Lebenszeit. Bei Hitze endet eine defekte Stallkühlung oft tödlich für die schweren, dicht gedrängten Mastküken.

Durch die zunehmend hohe Besatzdichte gegen Ende der Mastzeit ist kaum noch freie Fläche vorhanden, weshalb die Tiere auf dem Weg zum Futter und Wasser oftmals übereinander laufen müssen und sich dabei gegenseitig verletzen und stören. Die offizielle Besatzdichte beträgt pro Quadratmeter 35 bis 39 kg, es kommt also zu einem dichten Gedränge von etwa 14 bis 23 Tieren pro Quadratmeter (je nach Zeitpunkt). Eitrige Unterhautentzündungen entstehen auch bei Schreckreaktionen, wenn Unruhe im Stall ausgelöst wird. An der Tagesordnung steht die Gabe von Kokzidiostatika und Antibiotika.

Grob kann man sagen, dass es während der Mast in der Regel eine Sterblichkeit von etwa 4 % (bis 7 %) gibt – bei 40 000 Tieren im Stall sterben also vor Vollendung der Mast mindestens 1600 Küken (bei allen krankheitsbedingten Prozentzahlen dieses Kapitels kann es zwischen einzelnen Betrieben große Unterschiede geben). Beim Transport zum Schlachthof kommt es zu weiteren Todesfällen. Am Schlachthof kann es zu einem Verwurf von etwa 2 % kommen, das heißt, dass das Fleisch krankheitsbedingt für den Konsum unverwertbar ist.

Damit die Elterntiere die brutfähigen Eier produzieren können, aus denen die Masthähnchen schlüpfen, müssen diese natürlich so fit sein, dass sie das Alter der Geschlechtsreife überhaupt erreichen. Dies gelingt nur, indem man ihnen 60 bis 80 % weniger Futter gibt, als sie eigentlich fressen möchten. Die Elterntiere leiden also permanent unter großem Hunger, ihr Fressverhalten ist ja genetisch bedingt

erhöht. Aus diesem Hunger und Stress ergeben sich nervöse Herden, Verhaltensstörungen wie Aggression und Federpicken könnten auftreten.

Inzwischen gibt es Ansätze, das Leben der Masthähnchen durch Anreicherungen der Umwelt (erhöhte Ebenen, Beschäftigungsmaterial, Sandbäder) und durch langsamer wachsende Zuchtformen zu verbessern. Dies ist ein positiver Ansatz, beseitigt die bestehenden Probleme im Bereich artgerechter Haltung und Gesundheit aber bei Weitem noch nicht, zumal die Aufzucht mutterlos bleibt und die Haltung immer noch in übergroßer Anzahl, oft mit 40000 Tieren pro Stall, stattfindet. Hühnern ist eine einzigartige, sehr fürsorgliche und ausgeklügelte Aufzucht ihrer Nachkommen eigen. Glucken führen, hudern und beschützen ihre Küken viele Wochen (bis zu 10 Wochen) lang. Mit Hilfe verschiedener Laute und Verhaltensweisen findet eine permanente Kommunikation untereinander statt. Die Glucke bringt den Küken auch bei, was fressbar ist und zerkleinert ihnen die Nahrung – meist verzichtet sie selbst dabei sogar auf die besten Leckerchen. Unter diesem Gesichtspunkt muss eine mutterlose Aufzucht von Hühnern als nicht artgerecht angesehen werden.

Aufgrund des übermäßigen Hungers bzw. des massiven Gewichtes ist es kaum möglich, Masthähnchen ein längeres und artgerechtes Leben bei guter Gesundheit zu ermöglichen. Das ist einer der Gründe, warum sich die Rettungsaktionen von

Eine Hybridlegehenne würde in einem Jahr so viele Eier legen, dass all diese Eierkartons voll wären. Lucy, eine Schwedische Blumenhenne, legt weniger, wollte aber trotzdem mit aufs Foto.

Leistungstieren in der Regel auf Legehennen konzentrieren.

Bankivahennen legen in ein Gemeinschaftsnest, bis das Nest mit etwa 10 Eiern gefüllt ist und dann eine Henne zu brüten anfängt. Kommerzielle Legehennen, sogenannte **Hybridhennen**, sind dagegen auf eine extrem hohe Legeleistung bis 340 Eiern im 1. Legejahr gezüchtet, sodass eine Hybridhenne im Jahr 20 bis 21 kg Eimasse, also das Zehnfache ihres Körpergewichtes, produziert. Dadurch sind sie anfällig für sämtliche Probleme mit dem Legeapparat und für Knochenbrüche und Knochenerweichungen durch den Kalziumentzug aus dem Skelett für die Eischalenbildung. Auch das Fettlebersyndrom tritt gehäuft auf, unter anderem aufgrund der starken Östrogenstimulation für eine hohe Eiproduktion. Brustbeinschäden wie Brüche und Deformationen kommen am Ende der Legeperiode bei durchschnittlich 50 %, sogar bis hin zu 100 %, der Hennen vor. Dies ist bedingt durch den hohen Kalziumverbrauch, aber auch durch haltungsbedingte Unfälle mit Stürzen gegen Sitzstangen und Wände. Gerade die frischen Brüche sind sehr schmerzhaft. Weil die Brustbeinmuskeln am Brustbein ansetzen, vermeiden es die betroffenen Hennen, sich zu bewegen, gelangen dadurch aber in Volieren mit mehreren Ebenen oftmals nicht oder weniger oft zu Futter-, Wasser- und Nestgelegenheiten – also ein deutliches Tierschutzproblem aus mehrfacher Sicht.

Federpicken und Kannibalismus als Verhaltensstörung durch fehlende Erkundungsmöglichkeiten (Langeweile), durch den Stress in den Industrieanlagen und durch die hohe Leistung stehen an der Tagesordnung. Auch bei den kommerziell gehaltenen Legehennen ist ähnlich wie bei den Broilern das Ausüben artgerechter Verhaltensweisen stark eingeschränkt (Scharren, Picken, Sandbaden, Sonnenbaden, in Ruhe ein Ei legen etc.). Befall mit der Roten Vogelmilbe und Fußballengeschwüre (oft bis zu 70 % der Legehennen) sind keine Seltenheit bei diesen Legehennen. Tierverluste können sich je nach Haltungsform und Genetik auf unter 10 %, aber auch auf über 20 % belaufen, durchschnittlich sind es etwa 12 %.

Hybridlegehennen. Haltung und Leistung hinterlassen Spuren.

Bei Freilaufhaltung nutzen in der Regel nur ganz wenige Hennen den Auslauf, und dann zumeist nur im stallnahen Bereich. Dies liegt oft an der Gestaltung des Auslaufs, der meist wenig Schutz durch Hecken bietet, aber auch daran, dass die Hennen sich nicht an „stärkeren" vorbei hinaus zum Ausgang trauen oder den weiten Weg hinaus durch das Gedränge bis hin zu den kleinen Ausgängen nicht finden. Vermutlich stehen die Hühner auch durch die bisherigen und aktuellen Haltungsbedingungen im Stall so unter Stress, dass sie oft zu ängstlich sind, um sich hinauszutrauen. Wenn man sich die eigenen Hühner im Garten anschaut, ist das ein alarmierender Gegensatz – tun unsere Hühner doch nichts lieber als draußen herumzustöbern: je mehr Platz und je mehr neues Gelände, desto lieber! Ihr Erkundungsbedürfnis scheint normalerweise endlos zu sein.

In der Regel werden Legehennen eine Legeperiode genutzt und anschließend geschlachtet. Manchmal werden die Hennen aber eine 2. Legeperiode genutzt, indem zuvor eine Mauser induziert, also künstlich provoziert wird. Hierbei werden Futtermenge und Licht reduziert. Durch Futterentzug steigt das Stresshormon Corticosteron, wodurch vermehrt Aggressionen, Federpicken und Kannibalismus auftreten können und die Anfälligkeit für Erkrankungen steigt. Auch das bakterielle

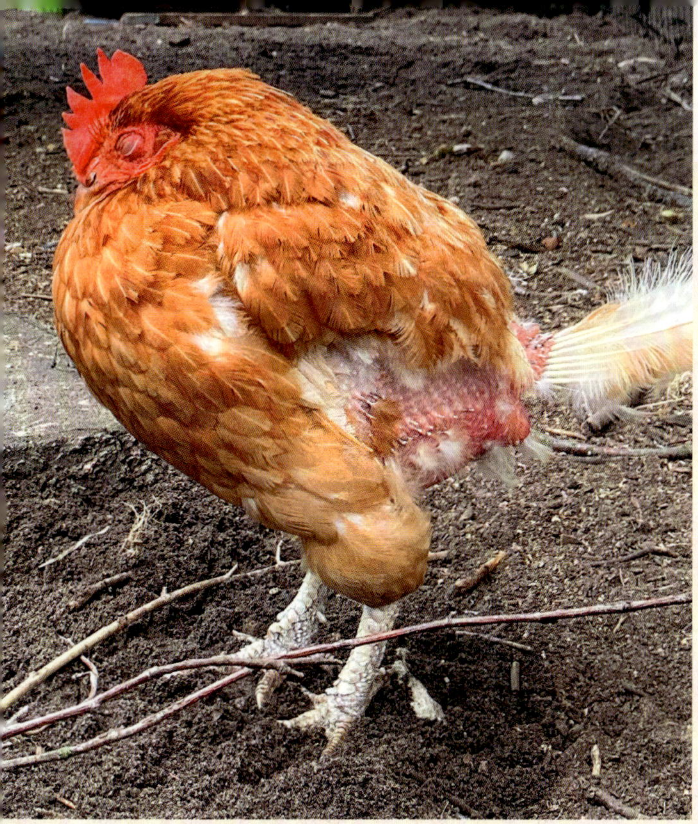

WISSEN PLUS

Diese Hybridhenne aus einer Mobilstallhaltung kauert. Sie leidet deutlich, nicht nur an Kalkbeinmilben.

Darmmikrobiom ändert sich durch Futterentzug. Das begünstigt oftmals bakterielle Infektionen. Bei diesem Vorgehen kommt es zu weiteren Tierverlusten, weil viele bereits geschwächte Hennen dieses Prozedere nicht überleben.

Tierschutzvereine übernehmen regelmäßig am Ende der Nutzungsperiode von bestimmten Betrieben einen Teil der Legehennen, um sie an private Tierschützer zu vermitteln. Die ausgelaugt und elendig, verletzt und nackt aussehenden Hennen werden dann liebevoll aufgepäppelt. Viele von ihnen sehen zum ersten Mal Tageslicht und spüren erstmals in ihrem Leben Gras unter ihren Füßen. Oftmals können sich diese Tiere erholen und noch einige Jahre unter endlich artgerechter Haltung leben, einige Tiere sind leider nicht mehr zu retten.

Mast- und Legehybriden sind aus Tierschutzsicht durch die gesundheitlichen Folgen ihrer extremen Leistung als **Qualzucht** zu betrachten. Ihr Schlupf ohne Glucke in riesigen Brutanlagen mit Weiterbeförderung auf Fließbändern setzt sie großen Belastungen aus. Legehennen und Masthähnchen müssen ja auch erstmal „produziert“ werden. Hinzu kommen also die speziellen Probleme, die sich durch die Bedingungen der Haltung der Eltern-, Großeltern- sowie Urgroßelterntiere ergeben. Bodenhaltung, aber auch Haltung von Kleingruppen in Käfigen und einzeln mit künstlicher Befruchtung sind hier möglich. Der Konsument möge all diese Informationen in seine Kaufentscheidungen miteinbeziehen.

Der Verein „Rettet das Huhn“ informiert kompetent über die Aufnahme und die besondere Pflege geretteter Legehennen (www.rettet-das-huhn.de).

Tipp

Mit dem komplexen Leberstoffwechsel und der hohen Legeleistung gehen viele Krankheiten unserer Hühner einher. Aus Tierschutzgründen sollte man sich möglichst keine Hühner mit extrem hoher Legeleistung anschaffen – es sei denn, man „rettet“ sie. Hühner mit geringerer Legeleistung haben in der Regel entsprechend eine höhere Lebenserwartung.

Glossar Infektionskrankheiten

Es gibt eine große Zahl an Infektionskrankheiten bei Hühnern. Da sich dieses Buch nicht an medizinisches Fachpersonal richtet, würde eine vollständige Auflistung den Rahmen sprengen und nur unnötig zu Verwirrung führen. Daher sollen hier nur die infektiösen Krankheiten stichwortartig angesprochen werden, deren Namen in diesem Buch öfter fallen oder die jeder Hühnerhalter einmal zu Ohren bekommt.

EDS (Egg Drop Syndrome, Viruserkrankung): Bei EDS ist die Eischalenbildung gestört, weitere Krankheitssymptome fehlen in der Regel. Es kommt zu dünnschaligen, schalenlosen, helleren oder rauschaligen Eiern. Im Unterschied zu IB kommt es bei EDS nicht zu wässrigem Eiklar (eher trübes Eiklar) und nicht zu welligen Schalen. Übertragung auch übers Ei. Enten und Gänse sind symptomlose natürliche Wirte, die das Virus ausscheiden. Achtung bei gemeinsamer Haltung!

IB (Infektiöse Bronchitis, Viruserkrankung): Atemwegserkrankung insbesondere bei Küken jünger als 6 Wochen mit Rasseln und Atemnot, Niesen, Husten, Bindehautentzündung, Nierenschäden, bei sehr jungen Tieren erhöhte Sterblichkeit bei hoher und schneller Durchseuchungsrate der Herde. Bei Junghennen weniger ausgeprägte Atemwegssymptome, Schnabelatmung. Infektionen von sehr jungen Hennen können zu einer Degeneration und zu Defekten des Legeapparates führen (z. B. mit Zystenbildung), manche Hennen legen dann gar nicht (falsche Leger). Bei Infektion nach der Legereife (oft kaum oder keine Atembeschwerden) können raue, dünnschalige, hellere, deformierte bzw. gewellte Eischalen auftreten. Das Eiklar verflüssigt sich, die Hagelschnüre können zerstört sein und die Legeleistung nimmt ab. Auch der Allgemeinzustand verschlechtert sich. Das Virus kann bei einigen Tieren persistieren und phasenweise symptomlos ausgeschieden werden. Es gibt viele verschiedene IB-Virus-Varianten und es entstehen oft neue. Der Impfschutz ist nur kurz, muss regelmäßig wiederholt werden und sollte speziell auf die festgestellten bzw. regionalen Varianten des IB-Virus abzielen. Übertragung auch über größere Entfernungen mit dem Wind.

ILT (Infektiöse Laryngotracheitis, Viruserkrankung, blutig-eitrige Kehlkopf- und Luftröhrenentzündung): ILT können sich Hühner besonders leicht auf Ausstellungen holen. ILT kann mit hoher Sterblichkeit einhergehen. Typisch für diese Atemwegserkrankung ist, dass betroffene Tiere aufgrund von Atemnot beim Einatmen den Kopf hoch strecken, beim Ausatmen wieder senken („Pinguinhaltung"). Oft ist so viel Entzündungsmaterial in der Luftröhre, dass diese davon vollständig ausgefüllt ist, wodurch die Tiere ersticken. Es besteht die Möglichkeit, noch nicht erkrankte Tiere notzuimpfen.

Marek (Herpesvirus-Erkrankung): Das immunsuppressive Virus vermehrt sich in den Federkielen. Es gibt verschiedene Verlaufsformen. Typisch sind Lähmungserscheinungen der Bein- und Flugmuskulatur durch Verdickung der Nerven: Ein Bein ist nach vorne gestreckt, das andere nach hinten. Eventuell ist eine Verzerrung der Pupille durch Nervenschädigung im Auge zu beobachten. Außerdem gibt es beispielsweise eine Tumorform der Erkrankung. Die Krankheit gilt als nicht therapierbar.

Mykoplasmen (zellwandlose Bakterien): Mykoplasmen sind in der Hühnerhaltung weit verbreitet. Der Ausbruch der Erkrankung ist meist multifaktoriell bedingt (Stallklima, weitere Erreger, Abwehrschwäche, Stress etc.). Mykoplasmen können auch über das Ei auf die Küken übertragen werden. Es gibt verschiedene Mykoplasmen-Arten und Symptome. Möglich sind Atemwegs- und Gelenkprobleme. Es können Eier mit veränderten spitzen Polen auftreten (sandpapierartig oder halbtransparent).

ND (New Castle Disease, Atypische Geflügelpest, Viruserkrankung): Es handelt sich um eine hochansteckende, sich über die Blutbahn verbreitende Allgemeinerkrankung mit hoher Sterblichkeit. Symptome sind schwere Atemwegserkrankungen mit Atemnot, Augen- und Nasenausfluss, grüner Durchfall, bei verzögertem Verlauf (teilimmune Herden oder schwächeres Virus) Bewegungsstörungen mit verdrehtem Hals (Sternengucker) oder nur Rückgang der Legetätigkeit (zunächst dünnschalige Eier). Eier: plötzlich blasse Schalen, dünne Schalen, deformierte Eier (wie auch spitze Eier). In Deutschland besteht Impf- und Anzeigepflicht.

Vogelgrippe (Aviäre Influenza, Klassische Geflügelpest, Viruserkrankung): Die Krankheit ist anzeigepflichtig (Verdacht muss dem Veterinäramt gemeldet werden!), hochansteckend und weist eine hohe Sterblichkeit innerhalb weniger Tage (fast 100 %) auf. Mögliche Symptome sind abhängig von der Virulenz: Hohe Virulenz: Teilnahmslosigkeit, Bewegungsunfähigkeit, Koordinationsstörungen (abnorme Kopfhaltung, Stolpern und Hinfallen), Schwellungen im Kopfbereich, Blaulilafärbung von Kehllappen und Kamm, Atemgeräusche, plötzliche Todesfälle. Niedrige Virulenz: auch hohe Anzahl erkrankter Tiere, aber geringe Sterblichkeit. Atemwegssymptome und eventuell Durchfall. Reduktion der Legeleistung mit deformierten, depigmentierten, dünnschaligen Eiern. Zurzeit gilt ein Impf- und Therapieverbot. Bei regional auftretenden Fällen oder Verdachtsfällen wird in der betreffenden Region eine allgemeine Stallpflicht angeordnet, dazu sei auf die regionalen Vorgaben verwiesen.

Hühner-Hausapotheke

Die folgenden Mittel sollten Sie immer im Hause haben, damit Ihre Hühner gesund bleiben oder werden.

0,9%ige Kochsalzlösung

Verwendung: Zum Spülen von Wunden oder eines Kloakenvorfalls.
Alternativ: Selbst gemacht: 500 ml abgekochtes, abgekühltes Wasser mit 1 Teelöffel Salz, also etwa 4,5 g.

Apfelessig

Bitte naturtrüben, nicht pasteurisierten Apfelessig verwenden! Nicht in Metallgefäßen verabreichen.
Verwendung: Als Trinkwasserzusatz zur Keimreduktion, gegen Infektionen mit Bakterien, Hefepilzen und Kokzidien, zur Stärkung des Immunsystems, für ein gutes Milieu im Magen-Darm-Trakt.
Dosierung: etwa 1 Esslöffel Apfelessig auf 1 Liter Wasser (für Küken weniger), am besten vorbeugend mindestens ein- bis zweimal pro Woche. In der Regel sehr gute Akzeptanz.

Ballistol Universalöl

Das sehr kriechfähige, lebensmittelunbedenkliche Ballistol Universalöl gibt es als praktische Sprühdose und ist vielseitig und sehr effektiv einsetzbar. Keine Resistenzentwicklung.
Verwendung: Gegen Ektoparasiten durch äußerliche Anwendung.
Alternativ: Speiseöl.

Blauspray für Hühner

Verwendung: Um Wunden zu pflegen und optisch abzudecken, damit sie für die Artgenossen weniger sichtbar sind. Alternativ: Ringelblumensalbe zur Haut- und Wundpflege.

Brottrunk

In Brottrunk (= Probiotikum) sind durch Vergärung von Brot lebende Milchsäurebakterien, Milchsäure und Vitamin B12 enthalten und er hat einen sauren pH-Wert. Probiotika wirken dadurch, dass sie als „gute“ Bakterien die krankmachenden verdrängen, und sie sondern Stoffe ab, die die körpereigene Abwehr stärken.
Verwendung: Zur Unterstützung der Darmflora bei Darmproblemen, nach Antibiotikagaben, für eine gute Darmgesundheit, für den Kalziumhaushalt, für das Immunsystem.
Am besten gießt man den Brottrunk über das Legemehl oder über Haferflocken und raspelt ein paar Möhren dazu, falls sich einzelne Hühner am sauren Geschmack stören.
Dosierung: etwa 2 ml/Tier/Tag; etwa 10 ml auf 1 l Trinkwasser.
Alternativ: Apfelessig, Naturjoghurt/-kefir (wegen der Laktose in Maßen) – enthalten ebenso Milchsäurebakterien. Im Fachhandel sind spezielle Präparate mit probiotischen Bakterien für Hühner zu erwerben.

Desinfektionsspray und -lösung, jodhaltig

Verwendung: Zum Desinfizieren und Spülen von Wunden.
Jodhaltige Mittel haben bei Eiern eine Wartezeit von 10 Tagen.

Elektrolyte

Verwendung: Zur Stabilisierung des Kreislaufs, bei starkem Flüssigkeitsverlust durch Durchfall, bei Hitzestress oder Schock. Zur freien Aufnahme oder etwa 10 bis 25 ml pro KGW einmal täglich, gegebenenfalls Wiederholung bei Bedarf.
Alternativ: Kokoswasser; eigene Mischung aus Traubenzucker, Meersalz, Natron und wenn möglich Kaliumchlorid. Dazu gibt es verschiedene Rezepte, Beispiel: auf 1 l Wasser 4 Esslöffel (Trauben-)Zucker, 1 Teelöffel (Meer-)Salz, ½ Teelöffel Natron und – falls vorhanden – ¼ Teelöffel Kaliumchlorid.

Epsomsalzwasser oder Zugsalbe

Verwendung: Zur Eröffnung von Ballengeschwüren. Epsomsalzwasser auch als Badezusatz bei Legenot.
Bei Zugsalben mit dem Wirkstoff Ammoniumbituminosulfonat besteht bei Eiern eine Wartezeit von 10 Tagen.

Eukalyptusöl

Verwendung: Bei Schnupfen, abends im Stall verteilen oder verdampfen lassen.
Alternative: Kamillendampfbad.

Tipp

Benutzen Sie unbedingt **amorphes Kieselgur**, da kristallines lungengängig und -schädlich ist (auch für Hühner!). Atmen Sie den Staub dennoch nicht ein, denn auch amorphes Kieselgur enthält in der Regel einen minimalen kristallinen Anteil. Denken Sie auch beim Säubern des Stalles daran (Atemschutzmaske) und natürlich auch an eine gute Ventilation für die Hühner im Sandbad (am besten draußen an frischer Luft).

Hühnerbox

Verwendung: Zum Transportieren kranker Hühner.

Jodhaltige Salbe

Verwendung: Zur Wunddesinfektion, bei Kammgrind.
Jodhaltige Mittel haben bei Eiern eine Wartezeit von 10 Tagen.

Kieselgur

Kieselgur ist ein Silikatstaub (Siliziumdioxid) von Kieselalgen. Das natürliche, ungiftige Produkt ist auch zugelassen für den Biobetrieb und hat keine Wartezeit. Es können keine Resistenzen entstehen, weil das Produkt mechanisch wirkt.
Verwendung: Gegen Ektoparasiten durch Zugabe zum Sandbad, in Ritzen oder ins Nest (auch prophylaktisch).
Alternativ: Ballistol (staubfrei!), Schwefel.

Kräuter und Gemüse

Brennnessel (besonders wertvoll: weibliche Samen), Oregano, Zwiebel (in Maßen), Knoblauch, Möhren, Cistus, Spitzwegerich, Löwenzahn, Salbei, Thymian, Kamille, Wermut, Schafgarbe, Ingwer, Weidenrinde/Mädesüß, Lavendel, Gänsefingerkraut, Teufelskralle, am besten frisch klein geschnibbelt verfüttern.
Verwendung: Siehe einzelne Kapitel: zur Unterstützung des Immunsystems, zur Infektabwehr, für den Verdauungstrakt, für die Atemwege, für die Leber, teilweise zur Schmerzlinderung und Entzündungshemmung.
Alternativ: Als Tee oder getrocknetes Pulver übers Futter gestreut einsetzen.

Mehlwürmer

Verwendung: Als „Geschmacksverstärker“ zur Appetitanregung eines kranken Huhnes; in der Mauser als Proteinquelle für die Federbildung; als Leckerbissen, um Hühner zu zähmen, den Gesundheitscheck zu üben oder zu „rufen“, wenn sie nach dem Freilauf zurück in den Stall kommen sollen.

REZEPT

Kräutertee

1 Handvoll frische Kräuter oder 2 gehäufte Esslöffel getrocknete Kräuter mit 1 Liter heißem Wasser übergießen, abgedeckt abkühlen lassen.

Oregano

Verwendung: Stärkt das Immunsystem, wirkt antimikrobiell, bei Darm- und Atemwegsproblemen, steigert die Nährstoffaufnahme, appetitanregend.

Quarantäneabteil

Verwendung: Nach Zukauf. Bei Erkrankung zum Separieren.

Schere und Pinzette

Verwendung: Zum Beispiel zur Entfernung von Federn oder Material in Wunden.

Tipp

Verwenden Sie **Oregano** als frisches oder getrocknetes Kraut oder als Öl. Im Wasser hat er oft nur geringere Akzeptanz. Deshalb besser im Futter verwenden, gegebenenfalls gemischt mit Haferflocken und Möhren. Oregano wird in therapeutischen Dosen etwa in dreifacher Menge gegeben wie bei reiner Prophylaxe. Dosierung käuflicher Produkte (Ergänzungsfutter für Hühner) nach Herstellerangaben.

Schmierseife

Verwendung: Zum Reinigen von Verklebungen, zum Entfernen von Borken.

Spritzen

Verwendung: Um Flüssigkeit in den Schnabel oder in die Kloake zu geben (natürlich ohne Nadel).

Stirnlampe

Verwendung: Bei schlechten Lichtverhältnissen im Stall, um das Huhn zu behandeln und dabei die Hände frei zu haben. Mit der Stirnlampe kann man genau dorthin leuchten, wo man hingucken muss.

Vaseline

Verwendung: Schutz vor Erfrierungen, gegen Kalkbeinmilben, zur Hautpflege, bei Legenot, Prolaps.
Alternativ: wasserfreies Bio-Melkfett, pures wasserfreies Lanolin (Wollwachs) (beides mineralölfrei).

Verbandszeug, Wattestäbchen, Einweghandschuhe, (Finger-)Pflaster, Wundauflagen

Verwendung: Für die Behandlung von Wunden.

Tipp

Es gibt im Handel **Erste-Hilfe-Sets** speziell für Hühner, die alles Wesentliche beinhalten. Notfalls nimmt man den Verbandkasten des Autos. Eine größere Wunde sollte sich grundsätzlich ein Tierarzt anschauen. Er kann auch zeigen, wie verbunden werden soll, damit keine Druckstellen entstehen.

Hinweise zum Einsatz von Vitaminen und Medikamenten

Für den Fall, dass Sie Ihre Hühner selbst medikamentös behandeln müssen oder trotz Tierarztbesuch im Nachhinein noch Fragen zur Anwendung oder Dosierung aufgekommen sind, finden Sie im Folgenden entsprechende Hinweise für die in diesem Buch genannten Vitamine und Medikamente. Die Auflistung umfasst frei verkäufliche, zugelassene Produkte, falls nicht speziell erwähnt.

Die Anwendung liegt in der eigenen Verantwortung des Hühnerhalters. Auch kann sich die rechtliche Lage zur Anwendung beim lebensmittelliefernden Geflügel mit der Zeit ändern. Zur Orientierung gibt es hier einige Dosierungsbeispiele, falls Sie einmal etwas nachgucken, vergleichen, aus- oder umrechnen möchten. Alle Angaben in diesem Buch sind ohne Gewähr. Je nach Situation kann es in Ihrem Fall

Tipp

Um Dosierungsvorgaben von Arzneien und Mischungen anwenden oder umrechnen zu können, kann man sich an folgenden Werten für Futter- und Wasserzusätze oder für Umrechnungen auf das Körpergewicht grob orientieren:
Eine Legehenne wiegt etwa 2 kg und frisst durchschnittlich je nach Größe und Bedarf etwa 120 g Futter am Tag, sie trinkt etwa 200–250 ml täglich (bei Temperaturen über 20–25 Grad weit mehr). Mit diesen Werten wird hier in diesem Buch gerechnet. Bedenken Sie aber, dass das nur Richtwerte sind. Rassehühner können auch einen höheren Futterverbrauch haben und beispielsweise 140 g täglich fressen.

KGW = Körpergewicht, I.E. = Internationale Einheit.

zu abgeänderten Empfehlungen kommen. Beachten Sie die jeweiligen Herstellerangaben sowie die Anweisungen Ihres Tierarztes.

Um Medikamente zu verabreichen, kann man sie ins Wasser oder unters Futter mischen, besonders gut unter feuchte Haferflocken oder in eingeweichtes Brot. Man kann auch ein einzelnes Huhn behandeln, indem man ein schnabelgerechtes Bällchen von feuchtem Brot macht und darin das Medikament verpackt. Manchmal lassen sich Wirkstoffe auch in Blaubeeren verstecken. Lassen Sie Ihrer Fantasie freien Lauf! Sie kennen Ihre Hühner am besten und wissen, was ihnen trotz Krankheit am ehesten schmecken könnte. Wenn alles nicht hilft, kann man über eine nadellose Spritze Medikamente, Nährstoffe oder eine Elektrolytlösung vorsichtig direkt in den Schnabel verabreichen. Achtung: Es darf nichts in die Atemwege gelangen!

Aktivkohle, Carbo medicinalis, Pflanzenkohle

Verwendung: Bei Durchfall, bei bestimmten Vergiftungen (Pflanzentoxine, auch Bakterientoxine).
Dosierung: 2–8 g pro kg KGW. Dazu löst man 1 g in ca. 5–10 ml Wasser auf. Bei Bedarf kann man das alle 6–8 Stunden für einen Tag wiederholen.
Bei Vergiftungen sollte der Tierarzt aufgesucht werden. Während der Behandlung ist auf genügend Flüssigkeitszufuhr zu achten.

Cholin

Verwendung: Bei Leberproblemen oder zu deren Vorbeugung.
Oft in Fertigmischungen für Geflügel.
Natürliche Quellen sind Weizenkleie und Weizenkeime (bis 20 g gekeimte Weizenkörner pro Henne pro Tag).

Flohsamenschalen

Verwendung: Bei Kropfverstopfung.
In etwas Wasser aufquellen lassen, bis ein glibberiges Gel entsteht, und verabreichen, am besten im Gemisch mit etwas Weißbrot oder ein paar Haferflocken.

Flubendazol

Verschreibungspflichtig, für Legehennen zugelassen ohne Wartezeit für Eier.
Verwendung: Zur Entwurmung. Nach Absprache mit dem Tierarzt.
Zu häufige und wiederholte Anwendungen sowie Unterdosierungen können zu Resistenzen führen. Vorsicht in Mauser und Aufzucht wegen möglicherweise gestörter Federbildung. Erst eine Vorlösung herstellen.

Standarddosierung: 1,43 mg pro kg KGW und Tag über 7 Tage, wirksam gegen adulte Stadien von Spulwürmern, Blinddarmwurm, Haarwürmern.
Besonderheit Bandwürmer: chemische Entwurmung selten nötig, da Schadwirkung meist gering (alternativ: häufig Ausmisten, Auslaufpflege). Die 2,5-fache Menge Flubendazol wäre gegebenenfalls zur Bekämpfung von Bandwürmern nötig: 3,6 mg pro kg KGW über 7 Tage (off label use).
Alternativ gegen Bandwürmer: Praziquantel (verschreibungspflichtig, nicht zugelassen für Hühner, Umwidmung nötig!): 10 mg/kg KGW einmalig, nach 10 bis 14 Tagen ev. Wiederholung. Wartezeit Eier: mindestens 10 Tage.
Absprache der Behandlungen und Dosierungen mit Ihrem Tierarzt!

Kalzium

Verwendung: Bei dünnschaligen oder schalenlosen Eiern, bei Legenot, am besten in Kombination mit Vitamin D.
Dosierung Kalzium: 10 bis 50 mg/kg, einleitend anfangs bis 100 mg/kg.
Im Tierhandel gibt es spezielle Mittel zur flüssigen Kalziumgabe für Geflügel, Dosierung jeweils nach Herstellerangaben. Alternativ: Brausetabletten aus der Drogerie, Trinkampullen aus der Apotheke o. ä.

Macrogol

Verwendung: Bei Kropfverstopfung.
Dosierung: 13 g Macrogol 3350 in 125 ml lösen, am besten ein paar Milliliter der Lösung über Haferflocken gießen und verabreichen.

Mariendistelextrakt (Silymarin, Silibinin)

Verwendung: Bei Leberproblemen. Extrakt nicht für lebensmittelliefernde Tiere.
Standarddosierung: 100 bis 150 mg Extrakt oder 1,5 g Mariendistelsamen pro kg KGW, mindestens 2 Wochen lang einmal täglich übers Futter verabreichen.

Simeticon

Verwendung: Bei weichem Kropf. Am besten im Gemisch mit Flohsamenschalen. Löst Gasblasen auf. Orientierung zur Dosierung: ähnlich wie Säuglinge oder Kleintiere.

Vitamine

Über die käuflich zu erwerbenden Futtermischungen sind die Vitaminbedarfe ausreichend gedeckt, sodass es im Prinzip nur bei zu langer, zu warmer oder zu sonniger Lagerung und bei Resorptionsstörungen durch Darmerkrankungen zu Mangelerscheinungen kommen kann. Am besten ist es, Futter nicht groß auf Vorrat zu

kaufen – **höchstens für 4 Wochen** - , weil die Vitamine gerade im Sommer nicht lange haltbar sind. Auch kann bei Infektionskrankheiten, in Stresssituationen und bei Mangelerscheinungen eine zusätzliche Gabe an Vitaminen nützlich sein. Praktischerweise kann man fertige Vitaminmischungen fürs Geflügel kaufen. Halten Sie sich bei der Anwendung an die angegebenen Dosierungsvorgaben des Herstellers oder Ihres Tierarztes, da beispielsweise die fettlöslichen Vitamine D3 und A überdosiert werden können, während eine Überdosierung bei wasserlöslichen Vitaminen kaum eine Gefahr darstellt.
Natürliche Vitaminbomben, ohne die Gefahr einer Überdosierung und ohne komplizierte Berechnung, gibt es etliche. Sie können vorbeugend oder im Krankheitsfall gut angewendet werden (Kräuter, Gemüse, Obst), zumal sie zusätzlich wertvolle sekundäre Pflanzenstoffe enthalten. Kräuter können Sie selbst sammeln oder im Geflügelfachhandel in Fertigmischungen speziell für Darm, Lunge, Leber, Mauser etc. kaufen.
Als Antioxidantien fungieren Vitamin C, E und ß-Carotin (Vorstufe von Vitamin A). Die B-Vitamine und Vitamin K sind als Coenzyme wichtig für Stoffwechselvorgänge und somit für die Funktion von Organen.

Vitamin A

Verwendung von Vitamin A: bei Erkältungen, für die Regeneration der Schleimhäute und Häute, bei Stress, Infektionskrankheiten, für die Schleimhäute des Atmungs-, Verdauungs- und Urogenitaltraktes.
Dosierung: nach Herstellerangaben, Vitamin A (Vitamin A = Retinol, 1 I.E. = 0,3 µg Retinol = 0,6 µg ß-Carotin) gibt es meist in Kombinationspräparaten zusammen mit Vitamin D3, E und C. In Lebertran enthalten. Halten Sie sich unbedingt an die jeweiligen Dosiervorgaben des Herstellers, auch bei der Verwendung von Fertigmischungen, da man Vitamin A überdosieren kann. Geflügel speichert die Carotine im Fettgewebe und im Dotter.
Karotten sind eine gute und sichere Vitamin-A-Quelle. Sie enthalten die Vorstufe ß-Carotin (Provitamin A). Die Aufnahme steigert sich durch Zugabe von Öl und durch Kleinraspeln. Über Möhrengabe entsteht – wie bei allen anderen natürlichen Vitaminquellen – keine Gefahr einer Überdosierung. Die Leber wandelt ß-Carotin in Vitamin A um.

B-Vitamine

Eine gute Vitamin B-Quelle ist Bierhefe. Bierhefe hat eine gute Zusammensetzung an Aminosäuren, viele B-Vitamine und wirkt durch den hohen Gehalt an β-Glucanen immunitätssteigernd.
Verwendung: In der Mauser, in der Aufzucht, bei Leberschäden.
Dosierung: Bierhefe zu 1–3 % der Futtermischung zusetzen oder etwa 2 g Bierhefe pro Legehenne und Tag. Bei Überdosierung Gefahr von Durchfall.

Vitamin C

Verwendung: Bei Stress, Hitze, Lebererkrankungen, zur Infektionsabwehr bei Viruserkrankungen. Verabreichung über das Trinkwasser.

Dosierung: Geben Sie an heißen Tagen 100 bis 300 mg pro l ins Trinkwasser (1 I.E. = 50 µg Ascorbinsäure), Mischung am besten dreimal täglich frisch ansetzen. Brennnessel enthält besonders viel Vitamin C.

Vitamin D3

Verwendung: Unter anderem bei dünnen Eierschalen und Legenot, am besten in Kombination mit Kalzium.

Weil es fettlöslich ist, kann es überdosiert werden. Es wird deshalb in der Regel nicht täglich angewendet. Beachten Sie die jeweiligen Herstellerangaben zur Dosierung. Oft in Kombinationspräparaten zusammen mit anderen Vitaminen enthalten.

Dosierung: Bei Mangelerscheinungen beispielsweise einmalig etwa 300 IU Vitamin D3 pro kg KGW (Vitamin D3 = Cholecalciferol, 1 I.E.= 0,025 µg Vitamin D3, also 20 000 I.E.= 0,5 mg), Wiederholung nach 14 Tagen.

Eine natürliche Vitamin-D-Quelle ist Lebertran. Lebertran enthält außerdem ungesättigte Fettsäuren und Vitamin A. Beachten Sie die jeweiligen Produkthinweise. Zur Orientierung: Bei einigen Herstellern liegt die Dosierung bei etwa 1 ml Lebertran pro Henne (= 0,5 ml pro kg KGW) einmal wöchentlich in der hellen Jahreszeit und zweimal wöchentlich in der dunklen Jahreszeit.

Ein Vitamin-D-Überschuss kann sich unter anderem durch Kalkstippel auf der Eierschale zeigen. Eine Überdosierung führt zu Verkalkungen von Gefäßen, Organen und Gewebe.

Vitamin E

Verwendung: Zur Unterstützung des Fettstoffwechsels.

Zusammen mit Selen greift Vitamin E in den Fettstoffwechsel ein. Vitamin E verhindert die Bildung toxischer Peroxide, Selen beseitigt Peroxide. Vitamin E kann über Leber und Nieren ausgeschieden werden, daher sind Überdosierungen selten. Das Antioxidans Vitamin E wird oft in Kombination mit Selen gegeben. Bei der Kombination mit Selen ist zu beachten, dass für Selen die Gefahr der Überdosierung mit Vergiftungsproblematik besteht. Halten Sie sich daher bei Kombinationspräparaten strikt an die Dosierungsvorgaben.

Dosierung: Beachten Sie die jeweiligen Herstellerangaben. Oft in Kombinationspräparaten mit anderen Vitaminen für Hühner zu erwerben.

Bei Hitze sollte der Vitamin-E-Gehalt im Futter 100 bis 200 mg Vitamin E pro kg Futter betragen (1 I.E. Vitamin E = 1 mg Vit E = ca. 1 mg α-Tocopherolacetat). Weizenkeimöl und gekeimte Weizenkörner (hin und wieder etwa bis zu 20 g gekeimte Weizenkörner am Tag pro Henne) sind eine gute Vitamin-E-Quelle. Alternativ kann Sonnenblumenöl verwendet werden.

Vitamin K

Verwendung: Bei Rattengiftaufnahme (Cumarinvergiftung), bei Blutungen. Bitte den Tierarzt aufsuchen.
Vitamin K ist wichtig für die Blutgerinnung und in Grünpflanzen enthalten. Man unterscheidet Vitamin K1, das sogenannte Phytomenadion aus Grünpflanzen, und Vitamin K2, das im Dickdarm produziert wird. Vitamin K3 dagegen wird synthetisch hergestellt. Bei einem Mangel ist die Blutungsneigung erhöht. Rattengift und Acetylsalicylsäure (bekannt aus Schmerzmittel) reduzieren seine Wirkung. Bei Leberschäden muss es ergänzt werden. Beim Geflügel entsteht schnell ein Mangel, insbesondere bei Kokzidiose, da das im Dickdarm gebildete Vitamin K2 schlecht resorbiert wird und die Speicherfähigkeit begrenzt ist.
Dosierungsbeispiel: In der Regel 5 (bis 10) mg Vitamin K1 (Phytomenadion) pro kg KGW über 10 bis 14 Tage. Absprache mit dem Tierarzt!
Löwenzahn enthält besonders viel Vitamin K1.

Literatur

Damerow, G.: Chicken health handbook. Storey Publishing, 2015.
DGS Magazine, Verlag Eugen Ulmer
www.fokus-tierwohl.de; diverse Veranstaltungen von Fachreferenten
Gauthier, J./ Ludlow, R.: Chicken health for dummies. Wiley, 2013.
Greenacre, C./ Morisha, T.: Backyard poultry medicine and surgery. Wiley Blackwel, 2021.
Jodas, S./ Woernle, H. (5. Auflage): Geflügel gesund erhalten. Verlag Eugen Ulmer, Stuttgart, 2020.
Kummerfeld, N.: Hühnervögel. In: Fehr, M./ Sassenburg, L./ Zwart, P. (Hrsg.): Krankheiten der Heimtiere. Schlütersche, 2014.
Landwirtschaftskammer Niedersachsen: Minimierung von Federpicken und Kannibalismus bei Legehennen mit intaktem Schnabel. 2016.
Landwirtschaftskammer Niedersachsen: Legehennenhaltung und Tierwohl im Fokus. 2021.
Landwirtschaftskammer Niedersachsen: Kritische Kontrollpunkte in der Junghennenaufzucht. 2021.
Löscher, W., Richter, A.: Lehrbuch der Pharmakologie und Toxikologie für die Veterinärmedizin, Enke Verlag, 2016
Mehner, A./ Hartfiel, W.: Handbuch der Geflügelphysiologie Teil 1 und 2. VEB Gustav Fischer Verlag, 1983.
Nicol, Ch. J.: The behavioural biology of chicken. CABI, 2015.
Poland, G./ Raftery, A.: Backyard poultry medicine and surgery. BSAVA. 2019.
Siegmann, O./ Neumann, U. (Hrsg.): Kompendium der Geflügelkrankheiten. Schlütersche, 2012.
Simons, P.: Eiersignale. Roodbont Publishers, 2020.
Ströse, D./ Schütz, S./Schütz, S./ Kempf, H.: Dosierungsvorschläge für Arzneimittel bei Vögeln, Reptilien, Amphibien und Fischen. Schattauer, 2013.
Veterinärspiegel, Thieme Verlag
www.vetidata.de (Veterinärmedizinischer Informationsdienst für Arzneimittelanwendung, Toxikologie und Arzneimittelrecht).
ZDG: Geflügeljahrbuch 2023. Verlag Eugen Ulmer, Stuttgart.

Bücher zum Weiterlesen und Stöbern

Barber, J.: Das Huhn. Geschichte, Biologie, Rassen, Haupt, 2013.
Baresch, Anne: Was sucht das Huhn im Kräuterbeet? Naturnahe & artgerechte Fütterung für gesunde Hühner und Wachteln. Verlag Eugen Ulmer, Stuttgart, 2024.
Bauer, Wilhelm: Hühnerställe bauen. Verlag Eugen Ulmer, Stuttgart, 2024.
Bauer, Wilhelm: Richtig gutes Hühnerfutter. Gesundes und natürliches Superfood für Hühner, Wachteln, Tauben und Co. Selber sammeln, anbauen, mischen. Verlag Eugen Ulmer, Stuttgart, 2022.
Bauer, Yvonne und Wilhelm: Zwerghühner in meinem Garten. Kleine Hühner artgerecht halten. Verlag Eugen Ulmer, Stuttgart, 2022.
Bauer, Yvonne und Wilhelm: Hühner. 500 Fragen, 500 Antworten. Alles, was Sie schon immer über Hühnerhaltung wissen wollten ... und noch viel mehr. Verlag Eugen Ulmer, Stuttgart, 2023.
Brendieck-Worm, C./ Klarer, F., / Stöger, E.: Heilende Kräuter für Tiere, Haupt, 2021.
Höck, R.: Happy Küken. Cadmos, 2020.
Keyes, G. (2019): Clickertraining für Hühner. Verlag Eugen Ulmer, Stuttgart, 2020.
Krause, Antje und Bauer, Wilhelm: Garten sucht Hühner. Die besten Rassen für kleine Gärten. Verlag Eugen Ulmer, Stuttgart, 2018.
Krause, Antje und Bauer, Wilhelm: Warum Hühner scharren, nicken und picken. Alles über Verhalten, Gewohnheiten und Marotten. Verlag Eugen Ulmer, Stuttgart, 2021.
Krause, Antje und Bauer, Wilhelm: Alte Hühnerrassen halten. Vielfalt fördern. Verlag Eugen Ulmer, Stuttgart, 2023.
Peitz, Beate und Leopold und Bauer, Wilhelm: Hühner in meinem Garten. Alles über Haltung und Ställe. Verlag Eugen Ulmer, Stuttgart, 2019.
Peitz, Beate und Leopold: Hühner halten. Glückliche Hühner im eigenen Garten. Verlag Eugen Ulmer, Stuttgart, 2021.

Links

Hier finden Sie Zubehör, Futter und Nahrungsergänzungsmittel:
www.pernaturam.de
www.greenpetshop.de
www.eierschachteln.de
www.wachtel-shop.de
Blog zum Nachlesen, Infoaustausch und großes Forum: www.huehner-info.de
Forschung und Erhalt seltener Hühnerrassen: www.wissenschaftlicher-gefluegelhof.de
Videos zu Rassen und Haltung auf YouTube: HappyHuhn-Kanal

Der Onlineshop für deine Hühner
Bei Schnupfen & Erkältung unser Angebot fürs Hühnerwohl: Kräutermischungen, Pflegeprodukte, Vitamine, Leckerlies & Zusätze
10% Rabatt* auf Deinen Einkauf! Code: SEWERIN-10
* Nur 1 x pro Kunde einlösbar
Bio-Luzerne
Bio-Luzerne
Bio-Luzerne
Bio-Futter
Home
Phyto-Solvan
Bierhefe
Legemehl
Tränken-Zusatz
Dinkelspelzen
20 kg Bio-Futter
BIO Melkfett
EIERSCHACHTELN.de

Bildquellen

Das Titelfoto stammt von Maren Leuker.
Im Innenteil stammen alle Fotos bis auf die folgenden von der Autorin.
Antje Munk: S. 81, 83, 92 u.
Maren Leuker: S. 34, 36 u.
Melani Marfeld: S. 73, 75, 78
Die Zeichnung auf S. 82 stammt von Annabel Sewerin.
Die Schmuckzeichnung Huhn auf dem Umschlag stammt von Foxys Graphic/shutterstock.com.

Impressum

Anmerkung zur Schreibweise (Gendering): Gendergerechtigkeit und Inklusion sind bei uns gelebte Praxis – bei der Auswahl unserer Themen, bei der Recherchearbeit, in der Gestaltung. Unsere Texte meinen alle. Damit unsere Inhalte jedoch gut lesbar bleiben, verzichten wir in diesem Werk auf die jeweilige Mehrfachnennung oder Anpassung der Schreibweise bestimmter Bezeichnungen an die weibliche, männliche oder diverse Form.

Dieses Buch ersetzt keine medizinische Diagnose und Behandlung. Für Angaben zu Anwendung, Dosierung und Applikationsform kann weder von der Autorin noch vom Verlag eine Gewähr übernommen werden. Von den in diesem Buch empfohlenen Produkten und Präparaten profitieren weder die Autorin noch der Verlag durch Nennung oder Verkauf. Sofern eingetragene Warenzeichen, Gebrauchsnamen oder Handelsnamen verwendet werden, gelten die entsprechenden Schutzbestimmungen (auch wenn diese nicht als solche gekennzeichnet sind). Die Methoden und Anregungen in diesem Buch stellen die Meinung beziehungsweise die Erfahrung der Verfasserin dar. Sie wurden von der Autorin nach bestem und aktuellem Wissen erstellt und mit größtmöglicher Sorgfalt geprüft. Fehler sind jedoch nie vollständig auszuschließen. Eine Garantie für die Richtigkeit der Angaben kann daher nicht gegeben werden. Autorin und Verlag übernehmen aus keinem Rechtsgrund Haftung für eventuelle Nachteile, Schäden und Unfälle. Bitte setzen Sie bei der Anwendung der in diesem Buch enthaltenen Empfehlungen Ihr persönliches Urteilsvermögen ein und ziehen Sie gegebenenfalls einen Tierarzt vor Ort zu Rate.

Der Verlag Eugen Ulmer ist nicht verantwortlich für die Inhalte der im Buch genannten Websites.

Bibliografische Information der Deutschen Nationalbibliothek
Die Deutsche Nationalbibliothek verzeichnet diese Publikation in der Deutschen Nationalbibliografie; detaillierte bibliografische Daten sind im Internet über http://dnb.d-nb.de abrufbar.

Wollgrasweg 41, 70599 Stuttgart (Hohenheim)
E-Mail: info@ulmer.de
Internet: www.ulmer.de
Projektleitung: Antje Munk
Lektorat: Karolin Gerhardi, Antje Munk
Herstellung: Silke Reuter
Umschlaggestaltung: Anette Vogt, www.redsign.de, Stuttgart
Layout und Satz: red.sign, Stuttgart
Reproduktion: time:ray, Jettingen
Druck und Bindung: Westermann Druck, Zwickau
Printed in Germany

MIX
Papier | Fördert gute Waldnutzung
FSC® C110508

ISBN 978-3-8186-2223-7